无取向硅钢的织构与磁性

张正贵　王大鹏　编著

北　京
冶金工业出版社
2012

内 容 提 要

本书从织构与磁性的基本知识入手，介绍了织构的基本概念及表达方法、材料磁性基本原理，系统全面地论述了无取向硅钢在热轧、常化、同步和异步冷轧、再结晶退火等工艺过程中织构的演变过程，同时还详尽地分析了硅含量、热轧温度、异步轧制速比、退火工艺等对织构的影响规律。根据磁性唯象理论阐述织构与磁性的定量关系，完成了磁性计算的计算机程序，这对从事硅钢研究和生产人员具有重要的参考价值。

本书适合于从事硅钢研究开发和生产的科技人员参考使用，也可供高校相关专业教师、研究生参考。

图书在版编目（CIP）数据

无取向硅钢的织构与磁性/张正贵，王大鹏编著.
—北京：冶金工业出版社，2012.6
ISBN 978-7-5024-5925-3

Ⅰ.①无…　Ⅱ.①张…　②王…　Ⅲ.①硅钢—织构
②硅钢—磁性　Ⅳ.①TG142.21

中国版本图书馆 CIP 数据核字（2012）第 084717 号

出 版 人　曹胜利
地　　址　北京北河沿大街嵩祝院北巷 39 号，邮编 100009
电　　话　（010）64027926　电子信箱　yjcbs@cnmip.com.cn
责任编辑　程志宏　美术编辑　李　新　版式设计　孙跃红
责任校对　禹　蕊　责任印制　张祺鑫
ISBN 978-7-5024-5925-3

北京百善印刷厂印刷；冶金工业出版社出版发行；各地新华书店经销
2012 年 6 月第 1 版，2012 年 6 月第 1 次印刷
787mm×1092mm　1/16；11 印张；266 千字；167 页
36.00 元

冶金工业出版社投稿电话：（010）64027932　投稿信箱：tougao@cnmip.com.cn
冶金工业出版社发行部　电话：（010）64044283　传真：（010）64027893
冶金书店　地址：北京东四西大街 46 号（100010）　电话：（010）65289081（兼传真）
（本书如有印装质量问题，本社发行部负责退换）

前　　言

　　无取向硅钢主要用于制造各种大、中、小型电机以及发电机的铁芯。一个国家的发电量60% ~70%都是由电机消耗掉的，电机工作效率的稍许提高将可节省大量能源，产生明显的经济和社会效益。随着机电制造业迅猛发展及该行业技术进步的需求，机电制造业对冷轧无取向硅钢产品的磁特性的追求也日趋高涨，不仅追求铁损更低同时要求磁感更高，不断对冷轧无取向硅钢磁性提出了更高的要求。从节能的角度出发，提高磁感、降低铁损一直是硅钢研究领域的重要课题，硅钢百余年的发展史就是不断努力降低铁损的历史。

　　硅钢是一种高附加值的钢材品种，制造技术被严格保密，各国技术封锁严重，其研究成果鲜有公开和系统发表，可供参考和借鉴的文献非常少，所以，国内外硅钢生产企业缺乏交流，重复研究多，系统研究少。在硅钢研究与生产方面，日本研究水平较高，研究的广度和深度都领先于世界，并以专利形式加以保护。目前，国内硅钢研究与生产主要集中在少数几大钢铁公司及中国钢研科技集团公司、东北大学、北京科技大学、沈阳大学、沈阳航空航天大学等，国内公开出版的硅钢书籍最新的还是于1997年出版的。

　　本书在不同形变量及速比下，采用异步轧制方法对无取向硅钢进行轧制的同时，采用同步轧制方法，在不同形变量下进行轧制，以便进行对比研究。将得到的冷轧样品在气氛保护条件下进行再结晶退火。利用X射线衍射技术测定各样品的宏观织构，借助ODF分析方法系统考察了热轧板织构、同步和异步轧制的无取向硅钢薄板的冷轧织构和再结晶织构，利用光学显微镜进行金相组织观察，利用单板测试仪测定铁损及磁感应强度，并利用无取向硅钢织构数据，根据磁性理论进行模拟计算。

　　本书共分7章，第1章介绍硅钢发展历史及发展趋势、硅钢的生产工艺、硅钢磁性的影响因素、异步轧制方法；第 2 章介绍金属材料织构的基础理论知识；第 3 章介绍金属材料的磁性基础知识；第 4 章～第 7 章较详尽地介绍了热轧组织与织构和异步轧制对组织及织构的影响、再结晶退火工艺对再结晶组织及织构的影响、无取向硅钢磁性的定量计算。此外，附录给出了磁性计算程序。

在本书编写过程中，得到了东北大学王福教授、刘沿东教授、中国科学院金属研究所陈家坚研究员、沈阳大学王建明教授的热情指导和帮助，同时还得到沈阳航空航天大学武保林教授、沈阳大学牛建平教授、任传富副教授的支持与帮助，沈阳大学图书馆陈丽华老师为本书提供和整理了大量参考资料，武钢硅钢研究所祝晓波高级工程师也提供了一些实验用材料，对此作者一并表示衷心的感谢。作者还要感谢冶金工业出版社，感谢他们在编校中精益求精、严谨细致的敬业精神，为本书的顺利出版付出了辛勤劳动。本书的出版得到沈阳大学的资助。

虽然我们为本书的编写付出最大努力，但由于作者水平所限，存在的不足或错误，敬请读者批评指正。

作　者
2012 年 3 月

目　录

1 引　　言

1.1　硅钢的应用与分类

1.1.1　硅钢的应用

硅钢俗称矽钢片，是一种含碳量很低的软磁材料，它包括硅含量低于0.5%的电工钢和硅含量为0.5%~4.5%的硅钢两类，一般厚度在1mm以下。硅钢和其他钢种的主要区别，是钢硅中的硅含量较高，是电力、电子和军事工业不可缺少的重要软磁合金，主要用作各种电动机、发电机和变压器的铁芯及其他电器部件，在磁性材料领域中产量和用量最大，目前，还没有可替代材料。电工钢板的制造技术和产品质量是衡量一个国家特殊钢生产和科技发展水平的重要标志之一。硅钢的生产工艺复杂，制造技术严格，国外的生产技术都以专利形式加以保护，视为企业的生命。

1.1.2　硅钢片的分类

硅钢片按硅含量可分为低硅钢（含硅0.8%~1.8%）、中硅钢（含硅1.8%~2.8%）、较高硅钢（含硅2.8%~3.8%）及高硅钢（含硅3.8%~4.8%）四类硅钢片。

按轧制方法和用途可分为热轧硅钢片和冷轧硅钢片。

按晶粒取向又可分为取向硅钢板和无取向硅钢板。

热轧硅钢片是将Fe-Si合金用电炉熔融，进行反复热轧成薄板，最后在800~850℃退火后制成。热轧硅钢片主要用于发电机的制造，故又称热轧电机硅钢片，但其可利用率低，能量损耗大，近年相关部门已强令要求淘汰。

热轧硅钢板用DR表示，按硅含量的多少分成低硅钢（含Si≤2.8%）、高硅钢（含Si>2.8%）。表示方法：DR+铁损值（用50Hz反复磁化和按正弦形变化的磁感应强度最大值为1.5T时的单位重量铁损值）的100倍+厚度值的100倍，如DR510-50表示铁损值为5.1、厚度为0.5mm的热轧硅钢板。家用电器用热轧硅钢薄板的牌号用JDR+铁损值+厚度值来表示，如JDR540-50。

冷轧硅钢包括冷轧无取向硅钢和冷轧取向硅钢。冷轧无取向硅钢片最主要的用途是用于电机制造，故又称冷轧电机硅钢。其含硅为0.5%~3.0%，经冷轧至成品厚度，供应态多为0.35mm和0.5mm厚的钢带。与热轧硅钢相比，其厚度均匀，尺寸精度高，表面光滑平整，从而提高了填充系数和材料的磁性能。

冷轧无取向硅钢片的表示方法：由公称厚度（扩大100倍的值）+代号W+铁损保证值（在频率为50Hz，波形为正弦的磁感峰值为1.5T的单位重量铁损值扩大100倍后的值）。如50W470表示厚度为0.5mm、铁损保证值为小于或等于4.7的冷轧无取向硅钢带。

无取向硅钢又可分为中低牌号无取向硅钢和高牌号无取向硅钢。高牌号无取向硅钢是指 50W400 以上的各个牌号，主要用于制造大、中型水力、火力、风力发电机。

冷轧取向硅钢最主要的用途是用于变压器制造，所以又称冷轧变压器硅钢。与冷轧无取向硅钢相比，取向硅钢的磁性具有强烈的方向性；在易磁化的轧制方向上具有优越的高磁导率与低损耗特性。取向钢带在轧制方向的铁损仅为横向的 1/3，磁导率之比为 6∶1，其铁损约为热轧硅钢带的 1/2，磁导率为热轧硅钢的 2.5 倍。

冷轧取向硅钢分为一般取向硅钢和高磁感取向硅钢。冷轧取向硅钢的表示方法：由公称厚度（扩大 100 倍的值）＋代号 Q 或 G（Q 表示一般取向，G 表示高磁感取向）＋铁损保证值（将频率 50Hz、最大磁通密度为 1.7T 时的铁损值扩大 100 倍后的值）。如 30Q130 是一般取向硅钢，表示厚度为 0.3mm、铁损保证值为小于或等于 1.3 的冷轧取向硅钢；30QG100 是高磁感取向硅钢，表示厚度为 0.3mm、铁损保证值为小于或等于 1.0 的冷轧取向硅钢。

冷轧电工钢与热轧硅钢相比有以下优点：

（1）具有表面平整光滑，厚度均匀，叠片系数高；

（2）铁损低磁感高；

（3）钢板利用率高，冲片性好；

（4）表面有绝缘膜，便于用户使用；

（5）应力对磁性能的影响小。

（6）用冷轧代替热轧制造电机或变压器，其重量和体积可减少 25%，可减少变压器电能消耗量 45%～50%，且变压器工作性能更可靠。

1.2　硅钢的发展概况

1.2.1　热轧硅钢发展阶段

硅钢是一种含碳量很低的软磁材料，主要应用于电力、机械、家电、军工等行业，是变压器、发动机和电动机铁芯的主要材料。取向硅钢是经过二次再结晶过程而产生出来的，主要用作变压器等的铁芯，而无取向硅钢主要用于发电机和电动机等的铁芯。软磁材料要求低的铁损及高的磁感应强度，材料的织构与组织对材料的磁性能有很大的影响。

铁的磁导率比空气的磁导率高几千到几万倍，铁芯磁化时磁通密度高，可产生远比外加磁场更高的磁场。普通热轧低碳钢板是工业上最早应用的铁芯软磁材料。1886 年美国 Westinghouse 电器公司首先用杂质含量约为 0.4% 的热轧低碳钢板制成变压器叠片铁芯，1890 年已广泛使用 0.35mm 厚热轧低碳钢薄板制成电机和变压器铁芯。低碳钢的电阻率（ρ）低，铁芯损耗（P_T）大；碳和氮含量高，磁时效严重。

1882 年英国哈德菲尔特（R. A. Hadfield）开始研究硅钢，1898 年发表了关于 4.4% Si－Fe 合金的磁性结果的论文。1900 年哈德菲尔特与巴雷特（W. F. Barreet）等发表了 2.5%～5.5% Si－Fe 合金具有良好磁性的研究结果的论文。1902 年德国古姆利奇（E. Gumlich）指出，加硅使铁的电阻率明显增高，涡流损耗（P_e）和磁滞损耗（P_h）降低，磁导率（μ）增高，磁时效现象减轻。1903 年美国取得哈德菲尔特专利使用权，同一年美国和德国开始生产热轧硅钢板，将原始碳含量从约 0.2% 逐渐降到 0.1% 以下和硅含量提升到约 4.5% 后，磁性进一步提高。1905 年美国（英国在 1906 年）已大规模投入生产，在很短时间内全部代替了普通碳钢板制造电机和变压器，其铁损比普通低碳钢低一半以上，1901～1924 年美国延森（T. D. Yensen）等研究了硅钢力学性能以及杂质和晶粒尺寸等因素对磁性的影响，其成果对改善热轧硅钢产品质量起了重要作用。在 1906～1930 年期间，是生产厂与用户降低热轧硅钢板成本，改进产品质量和提高产量的阶段。美国生产的 0.35mm 厚 4% Si 热轧硅钢最高牌号的铁损 $P_{10/50}$ 不断降低，1912 年 $P_{10/50} \approx 1.45 \text{W/kg}$。1950 年前后美国 Armco 钢公司采用热轧硅钢板经约 1% 压下率平整后焊在一起，在连续炉退火和涂磷酸镁绝缘膜的新工艺生产 Dimax 系列牌号，改善了冲片性和磁性（$P_{10/50} < 0.90 \text{W/kg}$）。1954 年按此工艺生产约 50 万吨产品[1]。

1.2.2 冷轧硅钢发展阶段

此阶段主要是冷轧普通取向硅钢（GO）板的发展阶段。1930 年美国高斯在 1926 年本多光太郎等已发表的铁单晶体磁各向异性实验结果的启发下，采用冷轧和退火方法开始进行大量实验，探索晶粒易磁化方向 <001> 平行于轧制方向排列的取向硅钢带卷制造工艺。当时美国 General Electric 电器公司已提出成卷硅钢产品的要求。1933 年高斯采用两次冷轧和退火方法制成沿轧向磁性高的 3% Si 钢，1934 年申请专利并公开发表。当时他用 X 射线检查，错误地认为这种冷轧材料是无取向的。直到 1935 年，博佐思（R. M. Bozorth）用 X 射线检查才证实这种材料具有 {110} <001> 织构，其 {110} 晶面平行于轧制平面，易磁化方向 <001> 晶向平行于轧制方向，沿轧向磁化时磁性高，而横向为较难磁化的 <110> 方向，所以也称单取向或 Goss 取向冷轧硅钢。同一年 Armco 钢公司按高斯专利技术与 Westinghouse 电器公司合作组织生产。随后 Allegheny Ludlum（ALC）钢公司与 General Electric 电器公司合作也开始生产。1939 年 Armco 钢公司的主要制造工艺是：≤0.02% C 和 2.9%～3.3% Si 板坯经 1200℃ 加热和热轧到 2.7mm 厚，热轧带在箱式炉 760℃ ×（24～36）h 预退火进行部分脱碳，两次冷轧到 0.35mm 厚和连续炉 1010℃ 中间退火，干涂 MgO（隔离剂）和在罩式炉 H_2 环境下 1200℃ ×60h 叠片退火。该产品磁性较低，而且由于残余碳含量较高（≤0.015%），磁时效严重。随后 Armco 钢公司采用快速分析微量碳等技术和不断改进制造工艺及设备，产品质量逐步提高，并申请了一系列专利。通过卡特等人工作，Armco 钢公司在冷轧和退火等后工序制造工艺日臻完善，但产品平均磁性仍不稳定。1946 年 Armco 钢公司的利特曼（M. F. Littmann）等发现板坯经 1370℃ 以上高温加热可明显提高产品的磁性，晶粒粗大。当时他们认为是因为高温加热使钢组织和碳、硫等元素分布更均匀。1951 年，大家都认识到：（1）在初次再结晶织构中必须存在有（110）[001] 组分，它是在每次退火中累加而成的。（110）[001] 初次晶粒在最终高温退火时作为二次晶核，通过二次再结晶发展成强的（110）[001] 织构。（2）钢中必须存在有利杂质元素作为抑制剂来阻碍初次晶粒长大，促使二次再结晶发展。1958 年梅也（J. E. May）等发表 MnS 第二相质点可强烈阻碍初次晶粒长大的论文，弄清 MnS 抑制剂对生产取向钢的重要性。板坯高温加热的作用就是使板坯中存在的粗大 MnS 固溶，然后在热轧过程中再以细小弥散状析出 MnS 质点来加强抑制初次晶粒长大。Armco 钢公司在掌握 MnS 抑制剂和板坯高温加热这两个前工序制造工艺后，制造取向硅钢的专利技术已基本完善，产品磁性大幅度提高且磁性稳定，这一过程先后约花费 20 年时间。1959 年开始生产 0.30mm 厚产品，1963 年生产 0.27mm 厚产品。

1934～1940 年间延森和鲁德（W. E. Ruder）等研究了杂质元素和晶粒尺寸等因素对冷轧硅钢性能的影响。1941～1960 年间邓恩（C. G. Dunu）等详细研究了不同位向 3%Si－Fe 单晶体的冷轧和退火织构，并提出 3%Si－Fe 多晶体中（110）[001] 织构形成的取向生核和择优（选择性）长大机理。

Armco 钢公司长期垄断了世界冷轧取向硅钢的生产。普通取向硅钢（GO）产量约80% 都是按 Armco 专利生产的，其他 20% 也是采用类似的二次冷轧法生产的（如前苏联）；1957 年西德阿什姆斯（F. Assmus）等人公开发表了制造（100）[001] 立方织构（也称双取向）3%Si 钢薄带方法及其磁性的论文，并申请了专利。其特点是轧向和横向的磁性都高，45℃方向为 <110> 方向，磁性低。他们用纯净 3%Si－Fe 合金经几次冷轧和高温退火制成 0.05mm 立方织构薄带。随后美国沃尔特（J. L. Walter）等用柱状晶扁锭经冷轧和退火也试制成这种材料。1959～1962 年邓恩和沃尔特、德塔特（K. Detert）以及科勒等人研究了立方织构形成机理，证明：（1）（100）[001] 晶粒是依靠不同晶面的表面能量差作为驱动力，通过二次再结晶而长大。（2）最终高温退火时气氛中存在微量 O_2 或 H_2S 或 SO_2 气体可使（100）晶面的表面能量降到最低，促使形成立方织构。在 1957～1970 年期间公布的立方织构硅钢专利技术和发表的论文近百篇，但都因为制造工艺复杂，成材率低和成本过高而一直未正式生产。立方织构硅钢的磁致伸缩值很高，制成的变压器噪声也较大。

20 世纪 50 年代末，由于氧气顶吹转炉和钢水真空处理等冶炼技术的发展，低碳钢中碳、氮和氧可分别降到 0.005% 以下，磁时效明显减轻，磁性也大幅度提高。1960 年美国开始大量生产小于 0.5%Si 的冷轧低碳电工钢板。为改善热加工性和冲片性，提高了钢中锰和磷的含量。美国用这种材料制造当时正在蓬勃发展的家用电器中微电机（容量小于1kW）和工业用微电机和小型电机。同时大量生产半成品（不完全退火状态交货）产品，用户冲片后再进行完全退火，磁性进一步提高。随后其他国家也陆续大量生产低碳电工钢产品和半成品产品。

1.2.3　我国硅钢的发展

1952 年，我国自太原钢铁公司生产热轧硅钢片开始，电工钢从无到有经历了半个多世纪的发展。直到 1974 年武钢引进日本新日铁的冷轧电工钢生产专利和成套工艺设备，使我国电工钢生产进入一个崭新的阶段。

一个国家硅钢产量和使用量与其发电量的增长大致成正比关系。通过几十年来的高速发展，我国的用电量和发电量都迅速增长，总装机容量和发电量均已居世界第二；致使硅钢需求持续上升。目前，我国电工钢生产还处在一个冷热并存、逐渐淘汰热轧电工钢的局面。长期以来，我国冷轧电工钢市场被国外占有，自 1998 年起，国内太钢、宝钢、鞍钢冷轧硅钢相继投产，使这一局面得到了改变。

1.2.3.1　热轧硅钢生产现状

目前世界上只有我国等极少数几个国家还在生产热轧电工钢，主要生产厂有上海等近20 家，其生产能力 120 万吨/年。

热轧电工钢的品种主要是含硅 2.6% 的电机钢，也有少量含硅 4.4% 的变压器钢，主要用途为家用电机、微电机和部分中型电机、低压电器及仪表用电源变压器等。由于热轧电工钢的生产过程污染环境，劳动强度大，综合性能差等问题，国外工业发达国家早已淘汰了热轧硅钢的生产，但我国热轧硅钢至今还是中小电机的主导铁芯材料。主要原因：首先是电机标准相对落后，其次冷轧电工钢的产量还不能满足市场需求，价格偏高，在日益竞争激烈的市场中，电机的制造成本是优先考虑的问题[2]。

1.2.3.2 冷轧电工钢生产现状

经过几十年的发展建设，我国冷轧电工钢生产取得了较大进步。从世界范围看，我国冷轧电工钢的生产技术、设备、品种结构、实物质量达到世界先进水平，与法国、德国、意大利等国家水平相当，高于俄罗斯，但与代表世界最高水平的日本相比还有一定的差距。

目前国内冷轧取向电工钢仅有武钢、宝钢、鞍钢等少数几家大型钢铁企业能够生产，但质量水平与国际先进水平差距非常大。2007 年以前，武钢是我国唯一一家能生产取向硅钢的钢厂，其他寥寥几个企业，只能生产普通硅钢。由于取向硅钢价格高，利润丰厚，吸引着企业的注意力。国内企业纷纷加大投入，其中宝钢步伐最快，2008 年试产成功，生产出第一卷取向硅钢；2009 年，宝钢的取向硅钢产能规模已达 10 万吨，当年实现产品销量 8.89 万吨。2009 年，鞍钢的硅钢生产线投入生产，2010 年全面投产后，鞍钢的两条硅钢生产线年总产量 30 万吨，其中取向硅钢 20 万吨，高牌号无取向硅钢 10 万吨；2009年，武钢生产硅钢 100 万吨，取向硅钢 35 万吨。2010 年，我国冷轧取向硅钢的生产量为 53.5 万吨，进口取向硅钢为 26.3 万吨，出口取向硅钢为 1.22 万吨，取向硅钢的表观消费量为 78.6 万吨左右。目前，我国取向硅钢的产能在 107 万吨。

冷轧无取向电工钢的生产近几年得到飞跃发展，生产企业非常多，除了武钢、宝钢、鞍钢、太钢外，首钢、通钢、涟钢、重钢、新钢、本钢等也相继投产了冷轧硅钢。马钢冷轧硅钢完全投入生产，年产硅钢片 40 万吨。2010 年 5 月，通钢冷轧硅钢 CA - 1 机组投产，具备了硅钢生产能力。本钢年产 20 万吨的无取向硅钢项目于 2010 年底投产。进军硅钢的不只是国企，民营企业也开始染指硅钢项目，2010 年 5 月，天津一家企业投资建设年产 130 万吨的冷轧硅钢生产基地。目前，无取向硅钢的产能在 1133 万吨，但大多数生产的是中低牌号冷轧无取向电工钢，因为中低牌号无取向电工钢生产技术的门槛和技术含量相对较低，而高牌号无取向硅钢仅有武钢、宝钢、鞍钢、太钢能够生产，产能不超过百万吨。

我国虽然成为世界冷轧无取向电工钢产量大国，但由于大多数企业只能生产技术门槛低相对较低的中低牌号，因此技术含量和附加值较低。我国冷轧电工钢的出口量在逐渐增加，但出口产品主要集中在低附加值的中低牌号，高端产品的生产能力薄弱。高牌号无取向硅钢仍需要进口，2011 年 1～4 月，我国从日本进口的无取向硅钢为 12.8 万吨。

借着"十二五"开局和电工钢行业"以冷代热"进程加快的东风，2012 年以来，不少企业纷纷投资改造或新建冷轧硅钢生产线，随着首钢、涟钢、本钢、攀钢等以及一批民营企业新上项目逐步进入市场，国内市场竞争日趋白热化。据预测，根据目前的潜在产能，到 2013 年左右，随着武钢硅钢改造，宝钢 30 万吨取向硅钢二、三期项目建设、鞍钢 20 万吨取向硅钢一期完善和二期项目建设，以及涟钢电工钢合资项目的完成，届时我国冷轧硅钢产能将完全实现自给，电工钢市场将更加活跃，价格也将出现频繁波动，产品质量稳定性、性价比等要素将成为市场竞争的新标杆。

1.3　铁硅合金的性能

1.3.1　相图

　　纯铁在 910℃ 时发生 α→γ 相变，在约 1394℃ 时发生 γ→δ 相变。加入硅以后，可使 Fe - C 相图中 γ 区缩小。在纯 Fe - Si 合金中，Si > 1.7% 时无 γ 相变。硅在 α - Fe 中的溶解度能达到 4%，Si > 4.5% 时，产生脆性的 Fe_3Si 金属间化合物（DO_3 型有序相）和 B2 型有序相（FeSi）。低于 540℃ 时 B2 有序相共析分解为 DO_3 有序相和 α - Fe 无序相。图 1 - 1 为含硅 3.25% 的 Si - Fe 合金的 Fe - C 相图。含 C < 0.025% 时在任何温度下加热都为单一 α 相而不发生相变。这对采取高温退火制造取向硅钢和 3% Si 高牌号无取向硅钢极为重要，因为高温无相变有利于通过二次再结晶发展（110）[001] 取向和促使无取向硅钢晶粒长大，从而明显提高磁性。

1.3.2　硅钢的物理性能和力学性能

　　随硅含量的增高，铁的点阵常数和密度减小；电阻率是各向同性的，随硅含量的增加，电阻率明显提高，其他一些重要的磁性能也发生了变化[3]，如图 1 - 2 所示。硅是提高铁的电阻率的最有效元素，铁中加硅的一个重要目的就是提高电阻率（ρ）值和降低涡流损耗（P_e）值。随硅含量增高，铁的屈服强度和抗拉强度明显提高，硬度也提高，而伸长率和面收缩率当 Si > 2.5% 时急剧下降。

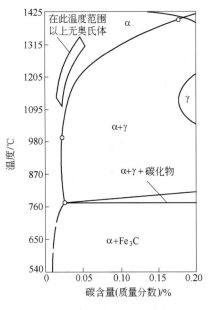

图 1 - 1　含硅 3.25% 的 Si - Fe 合金的铁碳相图

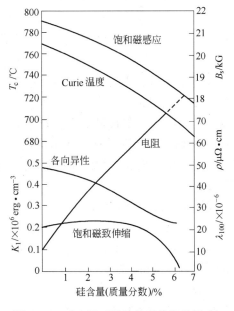

图 1 - 2　硅含量对铁的物理性能的影响

1.3.3　磁性

　　铁磁性材料的磁性分组织不敏感磁性（也称固有磁性或内禀磁性）和组织敏感磁性。

1.3.3.1 组织不敏感磁性

当化学成分和温度不改变时，这些磁性参量不随材料的组织的改变而变化。这些参量主要有饱和磁感应强度（B_s）、居里温度（T_c）、磁晶各向异性（K_1）、饱和磁致伸缩（λ_s）。图 1 – 3 为 3% Si – Fe 单晶体的三个主要晶轴的磁化曲线。<100> 晶轴为易磁化方向，<111> 晶轴是难磁化方向，<110> 晶轴介于两者之间。

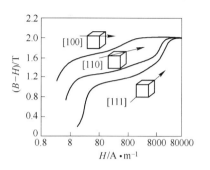

图 1 – 3   3% Si – Fe 单晶体的
三个方向的磁化曲线

1.3.3.2 组织敏感磁性

组织敏感磁性参量主要有起始磁导率（μ_0）、最大磁导率（μ_m）、矫顽力（H_c）、磁滞损耗（P_h）、涡流损耗（P_e）、铁损（P_T）和不同磁场下的磁感应强度。这些磁性参量除与化学成分和温度有关外，还受下列一些组织因素的影响：如晶粒取向、晶粒尺寸、晶体缺陷、析出物和夹杂物、内应力等。另外钢板的厚度、表面粗糙度、辐射和外加应力等对它们也有影响。这些因素主要影响了磁畴结构和磁化行为。

1.4   对硅钢性能的要求

硅钢片的性能好坏不仅直接关系到电能的损耗，而且关系到电机、变压器等产品的性能、体积、重量和材料的节约。

（1）铁芯损耗（P_T）低。铁损（P_T）是指硅钢片使用时的能量损耗，是由于铁芯在交变磁场下被磁化时磁通变化受到各种阻碍而消耗的电能。包括磁滞损耗（P_h）、涡流损耗（P_e）和反常涡流损耗（P_a）三部分。无取向硅钢的铁损以 P_h 为主，约占 60% ~ 80%，所以降低铁损的关键是降低 P_h，通常用 $P_{17/50}$ 或 $P_{15/50}$，分别表示50Hz 的频率下磁化到 1.7T 和 1.5T 时的铁损测定值。冷轧无取向硅钢的铁损比硅含量相同的热轧硅钢低 10% ~ 20%。

（2）磁感应强度（B）高。磁感应强度代表材料的磁化能力，是指在外磁场作用下能被磁化的程度，单位为 T。硅钢磁感高，意味着其磁化能力强，铁芯的激磁电流降低。电机和变压器功率不变时，磁感应强度高，设计时可提高最大磁感 B_m，减小铁芯体积，减轻重量，同时节省电工钢板、导线、绝缘材料和结构材料。影响无取向硅钢磁感应强度的主要因素是成分和晶体结构。Si、Al、Mn 可使磁感应强度降低；夹杂物、杂质的增加及晶粒尺寸增大，（100）组分减弱和（111）组分加强都会使磁感应强度降低。

（3）对磁各向异性的要求。电机是在运转状态下工作，铁芯是用带齿圆形冲片叠成的定子和转子组成，要求电工钢板为磁各向异性，因此用冷轧无取向硅钢制造。

（4）冲片性良好。用户使用硅钢片时冲剪工作量很大，因此要求它有良好的冲片性能。硅钢片表面光滑、平整和厚度均匀，可以提高铁芯的叠片系数，即铁芯的有效利用空间。叠片系数高，铁芯中空气间隙就小，从而减小激磁电流。

（5）钢板表面光滑、平整和厚度均匀。要求电工钢表面光滑、平整和厚度均匀，准确的尺寸精度，极小的同板厚度差，主要是为了提高铁芯的叠片系数。叠片系数高意味着铁芯体积不变时，电工钢板用量增多而有更多的磁通密度通过，有效利用空间增大，空气间隙减少，使激磁电流减小。

（6）绝缘薄膜性能好。为防止铁芯叠片间发生短路而增大涡流损耗，冷轧电工钢板表面涂一层薄层无机盐或无机盐＋有机盐的半有机绝缘膜。要求膜的厚度均匀、有好的耐热性、层间电阻高、附着性好、冲片性好等。

（7）磁时效现象小。冷轧无取向硅钢作为电机转子铁芯材料，具有良好的磁性能和工艺性能。磁时效是指无取向硅钢在服役过程中，磁性能下降的现象。硅钢在热加工过程中容易造成碳、氮等时效析出原子过饱和固溶于基体中。铁芯在长期运转时，硅钢板温度上升，特别是在温度升高达 $50 \sim 80℃$ 时，促使固溶在基体中过饱和的碳、氮析出，钢中碳和氮原子以细小弥散的碳化物和氮化物析出，使 H_c 和 P_T 增高[4]。时效析出的碳化物、氮化物等粒子对磁畴畴壁有钉扎作用是造成磁时效的重要原因。钢中铝含量较高时，AlN 颗粒析出尺寸较大、数量小，对磁时效影响较小[5]。Morish[6] 指出当碳化物颗粒的直径接近磁畴壁的厚度时，碳化物的钉扎作用最强。因此，要求硅钢产品中碳和氮的含量均小于 0.0035%。

1.5　冷轧无取向硅钢的制造工艺

冷轧无取向硅钢的制造工艺为：铁水预脱硫→冶炼→真空处理→连铸（或模铸→开坯）→热连轧→酸洗→常化→冷轧（或一次冷轧→中间退火→临界变形冷轧）→成品退火和涂绝缘膜。

1.5.1　铁水预脱硫

无取向硅钢的生产对高炉铁水的要求是铁水温度不低于 1300℃；铁水中 S 不大于 0.03%；铁水中的 SiO.3% ~ 0.6%。在高炉内降低铁水中硫需要提高渣碱度和增大渣量，降低铁水的生产效率。现在一般采用外脱硫，当前最常用的铁水脱硫方法是机械搅拌法（KR）和喷吹法，我国目前使用的是喷吹法。铁水脱硫的优点是效率高和脱硫剂利用率高且脱硫速度快以及费用低，高炉、转炉、炉外精炼每脱除 1kg 硫，其费用分别约为铁水脱硫的 2.5 倍、16 倍和 6 倍。常用脱硫剂有碳化钙系脱硫剂、石灰系脱硫剂、金属镁脱硫剂。铁水经预脱硫后，使 S < 0.003%，避免产生 MnS 降低磁性。

1.5.2　冶炼

在冶炼过程中，随硅量提高，出钢温度约降低 10℃，因为真空处理后加入硅铁量多，钢水温度升高。连铸法浇注时间长，出钢温度比模铸法约高 20℃。如 1.5% Si 钢连铸温度为 1670 ~ 1680℃，模铸时为 1650 ~ 1660℃。钢水中氧量控制在 $(600 \sim 900) \times 10^{-4}\%$，以便在真空处理时将碳降到 0.005% 以下。

1.5.3　真空处理

沸腾钢水经真空处理，通过碳和氧的化学反应同时进行脱碳和脱氧，使碳降到 0.005% 以下，氧降到 0.005% 以下。处理时间约为 20min，大于 2% Si 钢的钢水温度控制在 1570℃（连铸法）或 1560℃（模铸法）。

1.5.4 连铸

硅钢的连铸采用连铸 + 电磁搅拌技术，经电磁搅拌后等轴晶占 55% ~ 70%，这样能有效地减轻表面缺陷。一般采用圆弧形连铸机浇铸，连铸坯表面和板厚中心区为细小等轴晶区，中部等轴晶区中心线位于铸坯下半部，即下半部的柱状晶区窄。电磁搅拌作用原理是，搅拌器通过电流在铸坯上产生趋肤电流，其电流方向垂直于铸坯纵断面。电流和感应磁场的作用是产生电磁力，使铸坯中未凝固的钢水产生旋转运动，由层流变为紊流，加速传热和对流，从而增加等轴晶的比例，同时促进夹杂物聚集上浮，减轻铸坯中心疏松和偏聚。

1.5.5 热轧

铸坯装炉前在大于 150℃ 进行表面清理，然后放在保温坑中保温和缓冷。铸坯在加热炉中要缓慢加热，特别是在 700 ~ 800℃ 以下更是如此，加热温度为 1200℃ ± 20℃。采用二次冷轧时，加热温度可提高到 1250 ~ 1300℃，便于热轧，而且使终轧温度提高。热轧板晶粒粗化可改善 B_{50}，但对 P_{15} 不利。对高牌号来说主要是降低 P_{15}，因此即使采用二次冷轧法，加热温度仍控制在 1200℃。开轧温度为 1180℃ ± 20℃，终轧温度为 850℃ ± 20℃。1250 ~ 1300℃ 加热时终轧温度是 850℃ ± 20℃，卷取温度是 600℃ ± 20℃。

热轧工艺对硅钢冷轧织构有显著的影响。热轧时终轧温度越高，冷轧后 (100)[011] 织构就越强，有利于硅钢磁性能的提高，冷轧板的织构有继承性。冷轧无取向硅钢的热轧加工过程及其所产生的热轧组织对其成品的性能有重要的影响，有时会超过成分波动的影响[7]。提高无取向硅钢热轧加热温度可以提高热轧板的晶粒尺寸和成品中 Goss 织构量，进而提高成品磁感应强度[8]。同时，提高终轧温度可促进热轧板的再结晶，使铁损降低、磁感应强度提高。提高卷取温度则能增加成品中有利织构组分，改善磁性[9]。在低牌号无取向硅钢的热轧过程中会发生奥氏体与铁素体之间的相变，使热轧组织的形成过程更为复杂。奥氏体区热轧比奥氏体与铁素体两相区热轧有利于获得较粗大的热轧组织，因而高温热轧和热轧板高温退火配合可以促进成品有利织构的形成，降低铁损并提高磁感应强度[10]。热轧板晶粒尺寸对无取向硅钢的织构和磁性能有显著的影响。增加热轧板晶粒尺寸降低了成品退火时的形核率并导致成品晶粒尺寸增大，促使冷轧变形过程中形成更多的剪切带，促进成品退火时形成高斯织构和降低 γ 纤维织构的强度，并最终导致磁性能提高[11]。

1.5.6 常化

大于 2% Si 钢采用一次冷轧工艺时，热轧板必须常化，主要目的是使热轧板组织更均匀，使再结晶晶粒增多，防止瓦状缺陷。同时使晶粒和析出物粗化，加强 (100) 和 (110) 组分以及减弱 (111) 组分，磁性明显提高，特别是 B_{50} 值。一般常化制度是 (800 ~ 1000)℃ × (2 ~ 5) min。钢中原始含碳量高，常化时还可脱碳。热轧板常化温度升高，冷轧板退火后的再结晶晶粒也增大，对磁性有利的高斯织构组分增强，铁损降低，磁感应强度上升。但当温度超过 1000℃ 时，由于固溶相的弥散析出，阻碍了成品再结晶晶粒的长大，晶粒反而细化，铁损增加[12]。在冷轧无取向硅钢薄带生产过程中，常化工艺可显著降低高频铁损，但对磁感应强度影响不大。在 900 ~ 950℃ 温度范围内常化，能够降低成品硅钢中不利 γ 织构组分的强度，同时可提高 {100} 面有利织构的比例。成品钢带的晶粒尺寸适当、高频铁损较低[13]。

1.5.7 冷轧

大于 2% Si 钢由于变形抗力大，常采用 20 辊连轧机进行冷轧，并且进行小于 700r/min 低速轧制。3% 硅钢，特别是（Si + Al）大于 3.5% 时，冷轧前应预热到 100 ~ 150℃。一次冷轧法总压下率为 70% ~ 85%，一般经 5 道轧到 0.35mm 厚，每道压下率为 25% ~ 30%。二次冷轧法是先经 4 或 5 道轧到 0.40 ~ 0.45mm 厚，在连续炉经（830 ~ 870）℃ × （2 ~ 4）min 中间退火，气氛为 5% ~ 20%（$H_2 + N_2$）然后再经一道轧到 0.35mm 厚。

1.5.8 退火

退火是把钢加热到一定温度后保温一段时间再缓慢冷却的工艺操作。冷轧中间退火的目的主要是使受到高度冷加工硬化的金属重新软化。二次冷轧法的中间退火温度一般为 830 ~ 870℃。随 Si + Al 量增高，温度增高。最终退火制度为 850 ~ 860℃ × 4min。最好采用干燥气氛退火，以防形成内氧化层和内氮化层。一般连续炉退火后冷却速度很快，容易产生较大的内应力，从而导致 P_h 和 P_{15} 的增高。如果以小于 160℃/min 速度冷却，P_{15} 约可降低 0.15W/kg[14]。退火后钢带各部位组织不均匀，偏聚严重。退火前将两卷冷轧带倒转焊接，即相当于钢锭下部位置的两卷钢带焊在一起。退火时在焊接区两端约 200m 长度的钢带运行速度慢些，然后以正常速度运行[15]。

1.5.9 绝缘涂层

电机在一定频率下运行时，交变磁场会产生涡流损耗，为减少涡流损耗，需要在钢板表面涂覆绝缘涂层。涂层不仅应具有良好的绝缘性、附着性、耐蚀性，同时为满足电机用户加工及电机运行本身需求，还要求其具有一些其他性能，如冲片性、焊接性、黏结性、耐热性、抗油性等[16]。其中绝缘性是无取向硅钢绝缘涂层最直接的技术指标。无取向硅钢表面的绝缘涂层主要包括无机涂层、有机涂层、半有机涂层和自黏结涂层。有机涂层已逐渐被淘汰，无机涂层的层间电阻高，叠片系数也较高，耐热性和焊接性好，而冲片性较差，因而应用较少。目前绝缘涂层主要采用半有机涂层，半有机涂层冲片性好，绝缘性、耐热性和焊接性则较低。自黏结涂层的绝缘基础来自有机材料，进行单面或双面涂覆，涂层标准厚度为 5μm，空气中长期耐热性为 150℃，能抵抗有机溶剂、冷媒、润滑油/油等的侵蚀，提高了冲片性，而且耐蚀性也非常好[17]。

1.6 影响无取向硅钢性能的因素

影响无取向硅钢磁性的因素有化学成分、夹杂物的形态、数量与尺寸、加热及热轧过程中夹杂物的演变情况、织构状态、晶粒尺寸、表面状态等，这些因素都会不同程度对磁性能产生一定的影响。其中织构状态是影响硅钢性能的主要因素，提高面织构水平是提高无取向硅钢磁性的有效途径之一。

1.6.1 化学成分对硅钢性能的影响

提高无取向电工钢的性能的主要技术关键就是进一步实现钢质成分的严格控制，因为微量元素对无取向硅钢磁性能的影响极大。

1.6.1.1 硅的影响[18]

硅能显著减少硅钢内的涡流损失从而总铁芯损失减小，硅还可以提高相图中 A_3 线和 A_4 线临界温度，在 Fe – Si 相图中形成闭合的 γ – 圈。当含硅量 2.5% ~ 15% 时为单相 α – Fe。所以高硅硅钢片多经高温退火来使钢组织均匀，晶粒粗化，夹杂聚集。硅可以减少晶体各方向异性，使磁化容易，磁阻减少。硅还能减轻其他杂质的危害，使碳石墨化，降低对磁性的有害影响。硅和氧有很强的亲和力，有脱氧的作用。硅可以减少碳、氧和氮在 α – Fe 中的脱溶引起的磁时效现象。

1.6.1.2 铝的影响

Al 作用与 Si 相似，对磁性有利，但使钢变脆，Al 含量大于 0.5% 时硅钢明显变脆，但与高 Si 钢相比仍有较高的塑性。铝可以增加电阻、缩小奥氏体相区、促进晶粒长大，因而有一定的有利作用。但是铝的作用要受硅钢中氮含量的影响，铝跟氮易形成 AlN 析出相，使硅钢片的磁性能下降。当析出的 AlN 颗粒尺寸小于 0.5 μm 时，它们钉扎晶界，阻碍晶粒长大，因而增加铁损。但当析出的 AlN 颗粒尺寸大于 1 μm 时，它们对晶界的钉扎作用很轻，因此对样品磁性能影响很小。

1.6.1.3 锰的影响

锰能够增加硅钢的电阻，降低铁损。Mn 可使带 Mn 组织中（100）、（110）面织构占有率增加、（111）面织构占有率减少，改善磁性。Mn 是防止热脆不可缺少的元素，形成 MnS，防止 FeS 引起的热脆。但锰的作用与硫含量有很大关系，当热轧加热温度在 MnS 固溶温度以下时，可以使生成的 MnS 粗化；若超过 MnS 固溶温度则 MnS 就会固溶，并在随后的冷却过程中弥散析出，进而降低磁性能。

1.6.1.4 碳的影响

在硅钢中，碳为有害元素，残留碳会恶化铁损，出现磁时效，形成细微碳化物。加大磁滞损失，降低磁感应强度。碳对磁性能影响，随钢中碳含量和碳的存在形式而变化，如以石墨态存在时，影响不显著，碳对 Fe – Si 相图还有显著影响。无取向硅钢要求 C < 30×10^{-6}。

1.6.1.5 磷的影响

磷可以改善铁硅合金的磁性能。磷在低碳电工钢中，常加入 0.08% ~ 0.15% 用来强化铁素体，提高硬度，改善冲片性能。同时 P 是一种晶界活性元素，偏聚于晶界处形成磷化铁则会导致晶界脆化，使钢板变脆、冷加工困难。磷在晶界处的偏聚能阻碍不利的 {111} 取向的再结晶晶粒的形核及长大，提高磁感应强度。同时，磷会增加硅钢的电阻而降低铁损。

1.6.1.6 硫、氮的影响

生成 MnS 等硫化物以及 AlN 和 TiN 等氮化物的细微粒子，阻止畴壁移动。N 通过生成有害的 AlN 沉淀，使磁性变坏，使 P_{15} 增高。因此规定 1.5% ～ 2.5% Si 钢中 N < 0.003%，高牌号硅钢中 N < 0.0015%。

S 通过在基体中存在 MnS 微细质点以及在晶界上存在自由 S，使磁性变坏。S 含量降低，铁损明显降低。3% Si 钢中含 10×10^{-6} 硫时，950℃ × 1.5min 退火后晶粒尺寸约为 150μm，是铁损最低的合适晶粒尺寸。

1.6.1.7 氧的影响

对硅钢而言，氧是有害元素，它能形成 SiO_2，Al_2O_3 和 MnO 等氧化物夹杂，使磁性降低。MnO 等细小氧化物还可阻碍晶粒长大。氧与硅和铝形成氧化物，可促进磁时效。

1.6.1.8 铜的影响

生成 CuS 粒子，阻碍磁畴壁移动及晶粒长大。含铜 0.5% 时，防锈性能提高 15 倍，并可使 C 石墨化，一般 Cu 含量控制在 0.2% ～ 0.3%。

1.6.1.9 锡的作用

一定限制下的微量锡会促进有利织构的生成，提高磁感应强度、降低铁损。近几年，大量研究工作证明，高磁感取向硅钢中加入 0.05% ～ 0.1% Sn 可明显改善磁性[19,20]。

多数学者认为，锡可在第二相质点 MnS 和 AlN（抑制剂）与基体界面处偏聚，阻止它们的长大，从而增强了对晶粒正常长大的抑制能力，减小初次晶粒尺寸，在最终高温退火时，得到更完善的二次再结晶组织。由于锡是一种表面活性元素，因此亦有可能在最终高温退火升温阶段在晶界发生偏聚，加强对晶粒正常长大抑制能力，减小初次晶粒尺寸，起到辅助抑制剂的作用。

1.6.1.10 其他元素的影响

Shimanaka 等[21]首先指出，无取向 Fe – 1.85% Si 合金加 0.01% ～ 0.08% Sb 可使最终退火织构中 {111} 面织构组分减少，{100} 面织构组分增加，且随着锑含量增加，织构的这种变化更显著。他们认为，在冷轧无取向硅钢的再结晶退火中，{111} 位向晶粒容易在晶界附近形核，由于 Sb 是一种界面活性元素，易在晶界偏聚，因而阻碍了 (111) 位向晶粒在晶界附近的形核。LyudkovsKy[22]、F. Vodopivce[23] 等也作了类似研究。另外，Sb 含量由 0.015% 增加到 0.055% 时，内氧化层明显下降，磁导率增大。钛生成 TiC、TiN 细微粒子析出，提高再结晶温度，延缓再结晶及晶粒长大，促使不利取向 [111] 发展。钒锆铌生成 VC、VN、ZrC、ZrN、NbC、NbN 细微粒子析出，阻碍再结晶和晶粒长大。砷促进 MnS 等硫化物的析出。钼生成相关的氧化物、硫化物、氮化物粒子，影响性能。

根据最近的研究，电工钢钢质的洁净要求为：

常规有害杂质：$C \leq 20 \times 10^{-6}$，$S \leq 20 \times 10^{-6}$，$N \leq 20 \times 10^{-6}$，$O \leq 15 \times 10^{-6}$；

磁性有害元素 $Ti \leq 15 \times 10^{-6}$，$V \leq 30 \times 10^{-6}$，$Zr \leq 30 \times 10^{-6}$，$Nb \leq 30 \times 10^{-6}$，$As \leq 30 \times 10^{-6}$，$Cu \leq 5 \times 10^{-4}$。

1.6.2 生产工艺参数对硅钢性能的影响

1.6.2.1 终轧温度

在热轧过程中，终轧温度越接近 A_{r1}，晶粒越大，且 {100} <110> 组分密度显著提高。另外，终轧温度较低的钢（$A_{r1} - 100$）的晶粒度最小，这是因为材料在晶界上产生了较大比例的细小等轴晶粒。生产中发现，对热轧终轧温度的控制非常困难，往往带钢头部的温度没有达到目标值。因此，无取向电工钢的终轧温度应进一步提高，尽可能接近 A_{r1}，这对磁性的改善是非常重要的[24]。精轧后须有较慢的冷却速度，使晶粒充分长大，工艺上应采用后役冷却方式。热轧温度对热轧织构的影响与硅含量有关，含硅量高时，低温时表层会出现较高强度的反高斯织构，低硅时，对织构的影响不明显[25]。热轧终轧温度对低碳低硅无取向电工钢热轧中第二相的析出，在高温 γ 相区终轧卷取后，析出物的直径较大，析出物体积分数较高；在 α + γ 两相区终轧卷取后，析出物直径也较大，但析出物体积分数较小；在 α 相区终轧卷取后，析出物体积分数较小[26]。

1.6.2.2 板厚

硅钢板材的厚度影响铁损中的涡流损失，板厚增加，会使铁损提高，但板厚增加，磁感应强度也相应升高。钢片越薄，涡流损失越小，但磁滞损失增大。高频下使用电工钢由于涡流效应更为突出，钢片厚度希望减小。

1.6.2.3 酸洗速度波动

在退火机组生产中发现，当退火炉炉温在 P/C 模式下，部分钢卷中部板温发生波动，一卷钢的板温曲线一般有两个峰值，相应铁损与磁感随之波动。酸洗速度的变化使带钢表面的酸洗质量不一样，造成了带钢辐射率不同，引起板温波动，无取向电工钢磁性随板温波动变化，造成一卷钢的磁性分布的不均匀。按照工艺要求，板温波动应控制在10℃以内，生产经验表明，酸洗速度必须大于 50~100m/min。

1.6.2.4 层流冷却

无取向电工钢要求热轧后冷却速度慢，以使晶粒有充分长大的时间。因此，工艺上应采取后段冷却方式。如 B50A600 后段冷却比前段冷却的磁感要高 0.012T。研究发现这是由于电工钢采用 560℃ 低温卷取，低温卷取后稳定性不好，为了使卷取温度波动小，热轧时往往将层流后段冷却方式改为前段冷却方式，这对电工钢磁性是有害的。

1.6.3 组织对硅钢性能的影响

1.6.3.1 晶粒大小

增大晶粒会使晶粒边界减少，畴壁移动的阻力减小，从而使磁滞损失（P_h）降低。

同时随着晶粒的长大，磁畴尺寸增大，使涡流损失（P_e）和考虑磁畴结构的反常涡流损耗（P_a）都增大。另外，在弱磁场（100A/m）下，晶界对磁化难易的影响占主导地位，晶粒越大，晶界越少，畴壁移动越容易，磁感应强度（B_1）就越高。而在强磁场（5000A/m）下，细晶粒对磁感和磁导率更有利。此时，晶体织构对磁化难易的影响占主导地位，晶粒越大，对磁化有利的织构越少，不利织构越多，磁畴转动越困难，磁感（B_{50}）就越低。对于小于1.0% Si的无取向硅钢，最佳临界晶粒尺寸在50~80μm。

1.6.3.2 晶粒取向

硅钢组织由体心立方的 α - Fe 固溶体晶粒组成，由于磁晶各向异性，以 α - Fe 在 <001> 晶向最易磁化、<110> 晶向次之、<111> 晶向最差。因此，在硅钢中为了降低铁损提高磁感应强度，希望有尽可能多的 <100> 方向平行磁力线方向，形成晶粒取向的择优分布，即在钢板中形成"织构"。对于无取向硅钢，要求为磁各向同性，但由于 {100} 面有两个 <001> 易磁化方向，因此希望形成 {100} 面织构，使平行于钢板表面的任意方向都有较多的 <001> 晶向。无取向硅钢一般存在 {100} <011>、{111} <112>、{110} <001>、{112} <011> 等织构组分，提高 {100} 组分，降低 {111} 组分，可以提高磁感应强度。

1.6.3.3 磁织构

磁织构指在磁场下加热及冷却时产生的各向异性。其产生原因主要是在磁场下冷却时，试样沿外加磁场而整齐排列或"自发磁化"方向与外加磁场方向成一小角度。

1.6.3.4 应力

应力分内应力和外应力两种，这两种应力都会对硅钢的磁性产生影响。钢中间隙原子及夹杂物的存在使晶体产生很大的内应力、快速冷却时产生的热应力都会降低铁芯损失，但对磁感不利。硅钢片在使用或测量时受到的外应力对其磁性也有较大的影响，这与材料在磁化时的"磁致伸缩"效应有关。硅钢片的磁致伸缩系数为"正"号，加以拉应力，有利于磁化，提高磁性；相反，若加以压应力会降低磁性。

1.6.3.5 非金属夹杂物

材料磁化过程是使其畴壁移动和磁畴转动的过程，畴壁移动和磁畴转动的过程阻力小，则该材料的磁性就好。磁畴转动的阻力来自磁各向异性，畴壁移动的阻力主要来自内应力（夹杂物、孔洞、点阵畸变、晶界、加工应变等都能产生内应力）和磁致伸缩的作用。硅钢中的非金属夹杂物如 Al_2O_3、FeO、FeS 等都为非铁磁性，夹杂物本身对磁化过程有阻碍作用，使磁化困难，磁滞损耗增加。在冷轧退火过程中，夹杂物特别是细小弥散的夹杂物明显阻碍晶粒长大，使成品晶粒尺寸达不到最佳晶粒尺寸，相应铁损增加。夹杂物还通过影响热轧板的晶粒大小而间接影响退火后成品的织构，进一步增加对磁性能不利的织构。控制夹杂物的大小和分布对无取向硅钢性能有着重要的影响，如果夹杂物的绝对量一样，粗化夹杂物，则对晶粒长大和畴壁移动的不良影响会降低。但太大时，由于轧制时沿轧向伸长或破碎成细小的夹杂物，也会恶化磁性。对硅钢中存在的夹杂物希望能集中成大块球状，以减小对磁性的影响。

1.7 降低硅钢铁损的途径

对于无取向硅钢，要通过改善（100）面织构，提高磁感，降低磁滞损失。可采取的工艺途径如表1-1所示。

表1-1　降低铁损的方法

途　径	铁损类型	降 低 方 法
涡流损失	磁滞损失	（1）改善取向度 （2）减少杂质，提高钢纯度 （3）减少内部张力
	经典涡流损失	（1）减薄厚度 （2）提高硅含量，增大电阻率异常涡流损失 （3）晶粒尺寸适当
	异常涡流损失	（1）附加钢板表面张力 （2）用物理方法细化磁畴

1.8 异步轧制

异步轧制开始于20世纪50年代，它是以轧辊表面线速度不相等为主要特点的一种轧制方法[27]，它有两种基本形式：一是辊径相同、转速不同（异速异步）；二是转速相同、辊径不同（异径异步）。图1-4表示同步轧制和异步轧制的摩擦力分布。

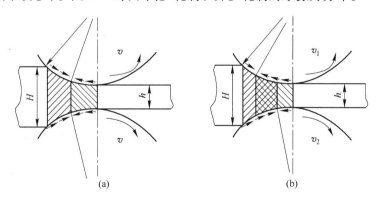

图1-4　变形区的摩擦力分布
（a）同步轧制；（b）异步轧制

异步轧制时，由于快速辊与慢速辊侧的中立点分别向出口和入口方向移动，从而在变形区中形成一个外力作用条件与应力状态都比较特殊的区域，此区域位于中性点之间，其上、下接触面的摩擦力方向相反（慢速辊侧的摩擦力指向入口，快速辊的摩擦力指向出口），形成了异步轧制所特有的"搓轧区"[28]。利用上、下工作辊辊面线速度的差来改变轧辊表面的滑动方向，由于"搓轧区"的存在，形成了轧制过程变形特点和金属流动的特殊化。在"搓轧区"上、下表面，外摩擦力方向相反，减少了外摩擦所形成的水平压力对变形的阻碍作用。又由于方向相反的摩擦力，造成了搓轧区上、下表面金属流动速度不同，轧件处于剪切应力状态，从而达到降低轧制压力、改善变形条件、提高轧制精度的目的。

异步轧制是一种差速轧制，即上、下辊的圆周速度不同，在带钢出口侧使用张力。其特点是在变形区内无摩擦峰出现，因上、下辊中性点位置不同，所以与常规轧制相比，尽管两者变形区几何形状相同，但由于工作辊辊面线速度不等，其变形方式、轧件的应力状态和轧制过程中的能量传递方式均与常规轧制过程有所不同。异步轧制可以大大降低轧制压力；故可以降低最小可轧厚度极限；减少轧制道次，实现大压下量轧制，轧制产品精度高，不裂边，板形好，提高了轧机的轧薄能力和生产效率[29]。

异步轧制变形特征表现在：金属上下表面受到的摩擦力沿中性面相反，形成剪切变形，轧材的中心也具有较大的切应力，从而使变形抗力减小，平均单位轧制压力下降，同时改变了同步轧制时单位轧制压力沿变形区长度方向的近似抛物线形状分布。

因此，异步轧制是一种降低轧制压力、提高板带加工效率的压力加工技术：首先，在原料和压下率相同情况下，可降低 10% 以上的轧制压力，具有轧制压力低，道次变形量大的特点；其次，在轧机刚度相同时，产品的板形好、尺寸精度高；第三，变形区图较大的剪切变形能力，具有较好的冷加工性能；第四，利用不同的异步速比，使中性面偏离出轧辊辊缝变形区之外，可较好地控制轧材宽展方向的流动。异步轧制独特的搓轧变形方式可以改变冷轧织构的特征及沿层厚的分布。

1958 年美国通用电气公司的 L. F. Coffin 发明了 CBS（Contact Bend Stretch）轧机[30,31]（图 1-5）。CBS 轧机的主要特点是变形量大，一次可达到 90%，并降低轧制压力。但是由于其小浮动辊在轧制过程中难以稳定，变形过程较难控制，易出现断带，另外穿带麻烦和轧辊冷却不便，因此很难在生产上应用。20 世纪 60 年代初，英国又发明了 S 轧机[32]（图 1-6），其结构原理与 CBS 轧机相同，只是多了一个浮动辊和一个支撑辊，但在实际轧制中，四个变形区关系更为复杂，很难控制。因此，S 轧机也只能停留在实验室研究阶段。

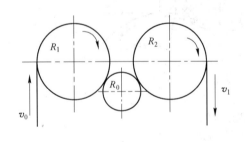

图 1-5 CBS 轧机示意图

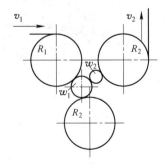

图 1-6 S 轧机示意图

20 世纪 70 年代初，苏联学者 B. H. Виврчн 发明了"轧-拔"（Π-В）轧机及其相应的轧制技术（图 1-7）。这种轧法采用了异步恒延伸技术，两个轧辊的表面速度比与伸长率相等，取消了小浮动辊，增加了轧制稳定性。采用该轧法轧制时，可显著降低轧制压力，并出现"压下不敏感区"，从而提高轧制精度，但该法只适用于小延伸轧制，不适于宽带钢的生产。

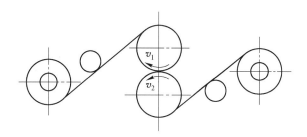

图 1-7 Ⅱ-B 轧机示意图

20 世纪 80 年代初，又发展了"拉直式大延伸异步轧制"新轧制方式[33]（图 1-8）。其轧制特点是延伸系数大于异步速比，有效减少轧制道次和中间退火次数，其伸长率不受速比的限制，可实现大延伸轧制，且在相同条件下，产品的精度也得到升级[34]，设备制造简单，节省投资，易于推广。

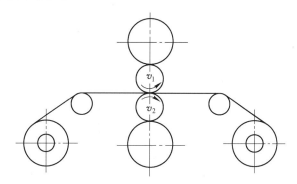

图 1-8 拉直式异步轧机示意图

我国对异步轧制技术的研究始于 20 世纪 60 年代初。鞍钢的汤富麟工程师设计制造了五辊式单机架异步轧机[35]。1974 年北京钢铁研究总院吴隆华等人对（Ⅱ-B）轧法进行了研究，并将之应用于板材平整[36]。1978 年东北大学异步轧制研究组针对拉直式异步轧制过程进行了深入系统的实验研究和理论分析[23~29]，在四辊异步轧机上研制成功极薄带异步轧制的新技术，解决了异步轧制中的振动和板形等问题，为异步轧制技术的推广奠定了基础，并通过冶金部技术鉴定。同时在四辊异步轧机上成功获得了 0.005mm 的带材，打破了以往 D/h 1500~2000 的极限，达到了 20000 以上，并完成了异步恒延伸轧制新技术和极薄带材轧制新技术等科研成果[27]。

目前，异步轧制的技术已经成熟，并已成功地应用于结构材料的工业生产中，但对功能材料只进行探索性试验。

最早将异步轧制应用到硅钢轧制中的苏联 Лпъорцсов 等学者，采用轧辊和平台构成的异步轧制模型（平台可认为是直径无限大的轧辊），研究了厚度为 4.5mm 的 3% Si 钢经过 45%~50% 变形的冷轧织构，发现与大直径轧辊接触表面的织构与通常情况区别不大，而与小直径轧辊接触表面织构却与通常情况有较明显的区别。据此认为变形区中金属的流动特性影响钢板织构及组织特征，并且对后续加工有一定影响。

20 世纪 80 年代初，大连钢厂与东北工学院（东北大学）合作，以异步轧制和同步轧制的 0.27mm 厚 3% Si 钢为对象，考察了异步轧制对力学性能的影响，结果发现异步轧制板的抗拉强度比同步轧制板的抗拉强度高；对于伸长率，同步轧制时轧向较好，而异步轧制时垂直方向较好，说明异步轧制具有较好的各向异性。此外，他们以 0.27mm 成品取向硅钢为原料，通过两种轧制方式分别轧到 0.08mm，MgO 涂层后进行高温退火（980℃ × 3h），发现异步轧制对磁性能确有影响。

1981 年，北京钢铁研究总院马东清[37]对不同速比的异步轧制和同步轧制的取向硅钢进行了比较，得到以下结果：未发现轧制方式对硬化状态及退火状态金相组织的影响；两种轧制方式下的轧件其显微硬度在接近表面和中心处都无明显差别；不同轧制方式未造成拉伸性能的不同，伸长率 δ，强度极限 σ_b，屈服极限 $\sigma_{0.2}$ 等性能指标没有明显差别。

1986 年，日本学者采用 CBS 轧法、同步轧制及两者配合的方式，将 0.18 ~ 0.35mm 含 Si 小于 4% 的硅钢轧制成 0.1mm 以下的薄带，发现异步轧制有利于形成强冷轧织构，并对成品磁性能有较大影响。

1993 年以来，东北大学齐克敏等将异步轧制技术应用于取向硅钢的研究[38~41]，发现异步轧制增加取向硅钢中有利的 {111} < 112 > 冷轧织构，该织构与 Goss 织构存在 35° < 110 > 的取向关系，可使最终退火时 Goss 取向晶核比其他取向晶核拥有长大速率上的优势，从而有助于提高取向硅钢磁性。刘刚等人[42,43]考察了异步轧制对常规厚度规格 Fe – 3% Si 取向硅钢冷轧织构的影响。发现随速比增加，亚表层织构强度下降，中心层 {111} < 112 > 织构减少，各层织构组分含量随速比的改变呈非线性关系。异步轧制硅钢的织构与异步轧制其他材料织构相仿，同时异步轧制有助于有利织构的发展，抑制了不利织构，异步轧制也有利于改善磁性能。

异步轧制引起的不对称性对轧件织构也有一定影响，为此，一些研究者研究了异步轧制对铜、黄铜和 08Al 深冲板冷轧和再结晶织构的影响[37,41~44]。研究表明异步轧制条件下的冷轧织构组分和常规轧制基本相同；沿板厚方向上织构呈现了不对称分布；织构的漫散程度和强点的位置与常规轧制也有一定差异，为异步轧制的研究提供了有价值的数据。异步轧制在无取向硅钢中的应用研究较少[45]，异步轧制在高硅无取向硅钢中的应用还未见报道。

1.9　研究现状与发展趋势

无取向硅钢主要用于各种电机、发电机转子的铁芯材料。随着机电制造业迅猛发展及该行业技术进步的需求，机电制造业对冷轧无取向硅钢产品的磁性能的追求也越来越高，不仅要求铁损更低同时要求磁感更高。无论是大电机制造者还是中小型电机乃至微电机制造者，均对冷轧无取向硅钢磁性提出了更高的要求。冷轧无取向硅钢具有良好的磁性能，属于钢铁工业的高端产品。目前，日本和德国掌握着该产品的关键技术，能生产出性能稳定的产品。在我国的钢铁企业中只有武钢、宝钢、鞍钢、太钢几大钢厂具备生产高牌号冷轧无取向硅钢的能力，但产品质量及稳定性较日本和德国的同类产品存在一定的差距。其中只有武钢和太钢能生产主要用于大型汽轮、水轮发电机的铁芯以及高效节能家电、电动汽车、无刷直流和交流感应电机铁芯的高牌号无取向硅钢。由于高牌号冷轧无取向硅钢的生产难度很大，我国生产的硅钢在质量、品种和产量上尚不能满足国内工业发展的需求，还需要大量进口。2007 年 1 ~ 6 月我国进口取向硅钢 13.69 万吨（同比增加 13.32%），进口无取向硅钢 39.87 万吨（同比增加 13.16%）。目前，能供应大量使用的高磁感低铁损冷轧无取向电工钢多为中低牌号铁损级别。国外关于高磁感低铁损冷轧电工钢的研究应用以日本发展最快。新日铁、川崎制铁已分别开发出 $P_{15/50} = 3.12 \sim 3.85W/kg$、$B_{50} = 1.71 \sim 1.75T$ 的无取向电工钢。我国武钢已试制出 $P_{1.5/50} = 3.6W/kg$ 的低铁损级别的高磁感无取向电工钢。俄罗斯、美国、韩国等国家也有这方面的报道，但性能水平都比日本低，也不及我国。

就我国目前的现状而言，在产品品种、质量、生产成本、新技术和新产品的开发上与日、美尚有一定差距。冷轧硅钢片产品普遍存在一些质量问题；尽管近年在硅钢性能改进方面取得了不少成效，但随着电能消耗的大幅增加和能源成本的提高，进一步改善硅钢的磁性、降低损耗和成本仍然是我们追求的目标。

电机是一种将能量或信号进行变换的电磁装置。我们习惯地把大型发电机和大型交直流可调速电动机统称为大电机。大型发电机从能源形式上可分为：水轮发电机、汽轮发电机、核能发电机、风力发电机、燃汽轮发电机，其他还有潮汐能、波浪能发电等。

水轮发电机：一般从转轴的布置方式上可分为立式和卧式两种。

汽轮发电机：属火力发电是利用煤的燃烧能量来进行发电的系统。从容量上可分为200MW、300MW、600MW、1000MW 等。

核能发电机：核能发电首先是利用核裂变的能量使水变成高温、高压水蒸气，然后，通过汽轮机和发电机发电。

风力发电是利用风能来进行发电的系统。风电站一般容量都不大，电机的容量则更小。

燃汽轮发电机：是利用燃烧石油、天然气等的能量来进行发电的系统。潮汐能发电则是利用涨潮和落潮的能量差，即涨潮时闸住水，落潮时发电。

大型交直流可调速电动机：电动机容量在 1000kVA 及以上，这类电动机一般有直流调速、交直流变频调速和交流变频调速等种类，目前，以交流变频调速电机容量最大（可达 10000kVA 以上），技术也最先进。

我国是能源生产和消费大国，近年来，我国电力装机容量迅速增加，发电设备生产企业，已经有能力承担起大型发电机组的制造。由于近几年国内电力建设的快速发展，发电设备市场出现井喷式的行情；大型发电机单位容量所需要的电工钢数量是不等的，火电的主力机组 600MW 汽轮发电机组，单台机组实际需用定子冲片的重量为 170t，加上损耗实际用量约为 220 ~ 250t；400MW 燃气轮发电机的每台定子冲片需求量为 140t，300MW 汽发机组实际需用定子冲片重量为 114t，200MW 汽发机组实际需用定子冲片重量为 106t，目前最大容量的 1000MW 机组需用定子冲片 250t，硅钢片的实际消耗量将达到 350t 左右。

水轮发电机组容量 700MW 的三峡机组，单台机组需用定子硅钢片的净重量达 560t，实际需用硅钢片超过 700t。可见，水电机组的硅钢片用量远大于同容量的火电机组。

据中国金属学会电工钢分会统计，未来我国大型发电设备主要生产厂家对高牌号无取向电工钢年需求量将超过 20 万吨。

随着我国机电行业的迅猛发展，高牌号无取向硅钢的需求量越来越大。研究和开发新技术，改进成分，调整工艺，提高磁性，大力开发高牌号无取向电工钢，是我国电机用磁性材料领域的重要研究课题之一。

为了加快大型发电机组制造使用国产电工钢片的步伐，国务院三峡办、中国长江三峡工程开发总公司及国内大型发电机制造厂家等，将共同对武钢高牌号无取向电工钢用于大型发电机组的制造进行评审，这标志着用于大型发电机组制造的高牌号无取向电工钢即将实现"以产顶进"。同时我们也看到太钢、宝钢等在高牌号无取向电工钢生产技术上的成果，振兴中华民族工业，发展我国电工钢事业是我们共同的目标。

一般而言，电机用电量约占总发电量的 65% ~70%，若能降低电机的损耗 10%，以 2006 年统计数据计，则全国范围的电机每年可节电 200 亿千瓦时以上，相当于节约标准煤 770 万吨、减排二氧化硫 12 万吨以上、减排二氧化氮 7 万吨以上、减排二氧化碳 2000 万吨以上。目前我国年发电总量近 3 万亿千瓦时，每年因铁损引起的电能损失高达 500 亿千瓦时，相当于人民币 225 亿元。因此，电工钢发展史就是不断降低铁损的过程，降低能源消耗的过程，这与国民经济建设息息相关。而冷轧硅钢片在工业发达国家得到很大发展，目前许多国家全部或绝大部分以冷轧硅钢片代替热轧硅钢片。我国生产硅钢已有四十多年的历史，但目前热轧硅钢仍然占有一定的市场。由于热轧硅钢自身局限性，虽经多年发展，性能达到较高水平，可生产与冷轧无取向硅钢中级以上牌号性能相当的产品，但高牌号产品仍不能生产，而且我国硅钢生产的实际情况是产能不足，产品结构不合理、成材率不高，产品质量存在诸多问题[46]。

近年随着能源费用的上升，迫切希望生产出更低铁损硅钢片以降低铁损、节约能源。影响无取向硅钢磁性的因素很多，化学成分、夹杂物的形态、数量与尺寸、加热及热轧过程中夹杂物的演变情况、织构状态、晶粒尺寸、表面状态等，都会对磁性能产生一定的影响。为了获得良好的磁性，人们进行了大量的研究工作，从化学成分的设计、夹杂物的控制、热轧工艺的开发等多方面进行改进，形成了一大批专有技术和生产专利技术[47~80]，使无取向硅钢的磁性得到了很大提高，促进了机电行业的发展。但是，由于硅钢是一种高附加值的钢材品种，技术封锁严重，其研究成果鲜有公开、系统的发表，可供参考和借鉴的文献也很少，所以，国内外硅钢生产企业缺乏技术交流，重复研究多，系统研究少。但为了企业技术水平和产品质量的提高，在激烈的市场竞争中占有主动，这些研究又是必要的。国外以日本新日铁和川崎制铁的冷轧无取向硅钢磁性水平最高，品种最齐全、研究工作最深入。日本新日铁和川崎制铁对冷轧无取向硅钢的研究表明，提高面织构水平是提高无取向硅钢磁性的有效途径之一。从冷轧无取向硅钢自身发展来看，控制晶粒尺寸和材料纯度的方法几乎接近尽头。控制最终产品形成高的（100），（110）面织构占有率，低的（111）面织构占有率，以使在平行于钢片表面的任意方向都有较多 <001> 易磁化晶向，从而明显提高磁感同时降低铁损，获得良好的磁性能，这是目前工业生产和新产品开发的首要追求目标。通过对无取向硅钢的面织构的研究以及提高面织构的工艺方法的研究，提高无取向硅钢的磁性能是各国硅钢领域的研究热点，研究高磁感、低铁损高牌号无取向硅钢具有重要的经济和社会意义。

近年来，国内外硅钢的研究主要集中在两个方向上，一方面在传统的含硅量低的硅钢基础上开发具有高磁感、低铁损的新型电工材料。对无取向硅钢主要方向是最大限度地去除金属中的夹杂，增加表面立方体取向晶粒的比例和减少内部氧化带的厚度。另一方面，由于随着 Si 含量的增加，钢材中固有阻抗增大，而涡流损失降低，表现出良好的磁性；所以国内外研究机构十分青睐于高硅电工钢的研制，但由于硅含量的提高，硅钢片的脆性增加，给高硅电工钢的发展带来一定的制约。

大型发电机组制造对高牌号无取向电工钢的性能提出了更高的要求。电工钢在大型发电机中均是作为定子铁芯冲片来使用的，定子铁芯是电机能量转换的磁路元件。在电机运行中，铁芯要受到电磁、热、机械力和环境等诸多因素的影响，其直接影响着电机的效率及安全性、可靠性。大型发电机中，硅钢片的选用是根据设计效率、磁路结构、制造工艺等因素来选用的，基本上都是使用无取向电工钢，只有设计电磁负荷特别高的 1000MW 常规火电机组采用了取向电工钢。

大型发电机组体积巨大，定子的叠压工艺复杂，不可能进行退火处理，因此，必须选用已经退过火的全工艺型电工钢。大多数大型电机都是使用 0.5mm 的冷轧无取向电工钢，只有极少数使用 0.35mm 冷轧取向电工钢。由于现在大型的水火电机组设计效率都非常高，为了保证效率，降低损耗，减轻冷却系统负荷，提高使用寿命，大型发电机定子必须使用高牌号冷轧电工钢。在大型水电机组中，如三峡机组一般选用 W270 无取向电工钢，现在新的大型水电项目要求使用 W250 及以上牌号的无取向电工钢。目前国内大型发电机组主要选用进口电工钢产品，有些发电机组用户在机组订货就指定使用进口电工钢有关，有些甚至指定生产厂家和电工钢牌号，如德国的 M270 - 50A、新日铁 50H270。

水电机组的成本相对于电站建设成本较低，特大型、中型容量机组一般都要求使用进口电工钢，小型机组可以使用国产电工钢。目前，火电机组、1000MW、核电、燃机等均使用进口电工钢，600MW 部分使用进口电工钢，300MW 及以下则基本使用国产电工钢。还有一部分整体外购的定子，这些使用的肯定是进口电工钢。在机组的设计中，只要符合性能要求的电工钢便可以达到设计效率的要求。多年来，由于国产电工钢和进口电工钢相比，性能、板形、厚度差等差一些，国内大型发电机组的制造都抵制使用国产电工钢。除磁性能要满足要求外，大型发电机定子铁芯的制造工艺包括冲片、去毛刺、涂漆、质量检查、叠片及装压等过程，根据工艺过程的一些特殊要求，对硅钢片的质量也有相应的要求。

大型发电机组定子铁芯尺寸大，因此，定子铁芯的冲片必须设计成扇形，方可保证叠压后铁芯的形状及磁路。由于不同的机组定子铁芯的直径大小及设计结构的差异，铁芯冲片的形状和大小也有所不同。为了保证冲片的尺寸、形状、毛刺等工艺要求，硅钢片不能太软，应保证相应的屈服强度和抗拉强度，并要保证批量力学性能的一致性。

为了尽量减少铁芯中的涡流损耗，大容量发电机组对铁芯冲片的绝缘电阻要求较高，现有厂家硅钢片的原绝缘涂层是达不到的，因此，对冲片要再进行绝缘处理，即增加涂漆工序。因此，要求用于冲片的硅钢片的表面绝缘涂层（无论是无机的，还是半有机或有机涂层），除了满足绝缘性能以外，应厚度均匀、附着力强、耐蚀性好，硅钢片的表面不能有锈蚀、孔洞、焊接缝等。一般说来，对硅钢片的原始涂层厚度没有特殊要求。大型发电机对定子铁芯装压的要求很高。由于大型发电机的定子铁芯尺寸很大，多达万张以上硅钢片的叠压厚度，要求硅钢片的纵向及横向同板厚度差均要尽可能小。一直以来，同板差偏大是国内大电机制造厂家不愿意使用国产电工钢的主要原因。

目前，发电设备的单机容量越来越大，现常规火电最大单机容量达 1300MW，水电已超过 700MW，将向 1000MW 迈进，而核电即将达到 1500 ~ 1600MW；电机效率也将超过 99%。这样，就需要更低损耗，更高磁感的硅钢片。在一些大单机容量的水电上，已开始使用 W250 的硅钢片，1000MW 常规火电甚至使用 Q155 或 Q145。另外，环境保护要求的进一步提高，促使电机制造企业在使用材料上进一步提高要求，硅钢片的涂层需要更加符合环保要求。

无论是取向还是无取向电工钢，日本等技术强国相对于中国仍保持着一定的性能质量优势，这也是目前大型发电机制造仍然大量使用进口电工钢的主要原因。现在，以武钢为首的国内电工钢生产厂家的产品质量已有很大提高，高牌号无取向电工钢在性能质量上发生了质的飞跃，大大缩小了与世界先进水平的差距，在不久的将来完全能满足大型发电机组制造的要求，并赶上发达国家水平。

参 考 文 献

[1] 何忠治. 电工钢（上册）[M]. 北京：冶金工业出版社，1997：1~12.

[2] 徐跃民. 我国电工钢的生产现状及发展趋势 [A]. 第十届全国电工钢学术年会，2008.

[3] M. Littmann, Iron and silicon – iron alloys, IEEE Trans Magn 7, 1971 (1)：48~60.

[4] Ray S K, Mishra S, Mohany O N. [J] Scripta Metallurgica, 1981, 15 (9)：971~973.

[5] Nakayama T, Honjou N. [J]. Journal of Magnetism and Magnetic Materials, 2000, 213 (1–3)：87~94.

[6] Khalafalla D, Morish A H. [J]. Journal of Applied Physics, 1972, 2：624~630.

[7] Pinoy L, Eloot K, Standaert C, Jacobs S, Dilewijns J. Influence of composition and hot rolling parameters on the magnetic and mechanical prorerties of fully processed non – oriented low – Si electical steels, Joumal De Physique. IV：JP, 1998, 8 (2)：487~490.

[8] Da Costa Paolinelli, S., Da Cunha, M. A., Cota, A. B. Influence of hot rolling finishing temperature on the structure and magnetic properties of 2.0% Si non oriented silicon steel, Materials Science Forum, 2007, 558–559 (1)：787~92.

[9] 张文康，毛卫民，王一德，薛志勇. 热轧工艺对无取向硅钢组织结构和磁性能的影响 [J]. 钢铁，2006, 41 (4)：77~81.

[10] Da Cunha, Marco A., Paolinelli, Sebastiat C., Effect of hot rolling temperature on the structure and magnetic properiles of high permeability non – oriented silicon steel, Steel Research International, 2005, 76 (6)：421~425.

[11] 张文康，毛卫民，王一德，李慧峰，白志浩. 热轧板常化后的晶粒尺寸对无取向硅钢织构和磁性能的影响 [J]. 钢铁，2007, 42 (2)：64~67.

[12] 菅瑞熊，杜振民，张文康，毛卫民，王一德. 热轧板常化温度对冷轧无取向电工钢退火组织和磁性能的影响 [J]. 特殊钢，2006, 27 (4)：31~33.

[13] 董浩，赵宇，喻晓军，连法增. 常化温度对冷轧无取向硅钢薄带磁性能和织构的影响 [J]. 钢铁研究学报，2008, 20 (5)：45~47, 51.

[14] 中村广登，福田文二郎，ほか. 日本特许公报，昭52–96919 (1997).

[15] 笹川哲三，岩三健三，ほか. 日本特许公报，昭48–19049 (1973).

[16] M. C. M arionper etc. Characterization of Si_2Fe Sheet insulation. IEEE Transations on Magnetics, 1995, 31 (4)：2408.

[17] 黄国昌，储双杰，陈晓，等. 富有前途的电工钢新涂层——自粘接涂层 [J]. 材料保护，2004, (1)：60~63.

[18] 储双杰，瞿标，戴元远. 某些元素对硅钢性能的影响 [J]. 钢铁，1998, 33 (11)：68~72.

[19] 河面弥吉郎. 一方向电磁钢板の二次再结晶にるぼすすず添加および冷间压延时の时件の影响 [J]. 鉄と鋼，1993, 79 (10)：69~75.

[20] 赵宇, 何忠治. 电工钢中的晶界偏聚 [J]. 钢铁研究学报, 1995, 7 (1): 66~73.

[21] H. Shimanaka. A Newnon - Oriented Si Steel With Texture of {100} <0vw> [J]. J. Magn. & Magn. Mater. , 1980, 19 (13): 63~64.

[22] G. Lyudkovsiky etal. Effect of Antimony on Recrystallization Behavior and Properties of A Nonoriented Silicon Steel [J]. Merall. Trans. A, 1984, 15A (2): 257~260.

[23] F. Vodopivce. Effect of antimony on energy losses in non - oriented 1. 8Si, 0. 3Al electrical sheets [J], J. Magn. & Magn. Mater. . 1991, 97 (1-3): 281~285.

[24] 储双杰. 生产工艺参数对无取向电工钢磁性的影响 [J]. 特殊钢, 2003, 24 (2): 40~42.

[25] 张正贵, 祝晓波, 刘沿东, 李炳南, 王福. 无取向硅钢热轧板的织构 [J]. 钢铁, 2007, 42 (6): 74~77.

[26] 鲁锋, 李有国, 桂福生, 赵宇. 热轧终轧温度冷轧无取向电工钢析出物的影响 [J]. 钢铁研究学报, 2002, 14 (1): 34~37.

[27] 朱泉, 潘大炜. 板带异步轧制的理论与实践 [M]. 沈阳: 东北大学, 1984.

[28] 朱泉. 异步轧制实验研究 [J]. 钢铁, 1980, 15 (5): 1~6.

[29] 齐克敏. 异步恒延伸轧制的试验及理论研究 [D]. 沈阳: 东北工学院, 1986.

[30] L. F. Coffin, J. F. Tavernel i. Status of contact - bend - stretch rolling metals [J]. J. Metals, 1967, 8: 14.

[31] L. F. Coffin and J. F. Tavernelli. The cyclic straining and fatigue of metals [J]. Trains. AIME, 1959, 215: 794.

[32] D. K. Robertson, D. H. Sansorne. Weiteve versuchsergebnisse uber das walzen vonglavanisch 115 verzinnt - en band auf der s - strabe [J], Metals Technology, 1977, 4 (7), part 7.

[33] 盐崎宏行, (ほか). 石川岛播磨技报, 1980, 20 (2): 87.

[34] 潘大炜. 提高冷轧板带材厚度精度的新途径——异步冷轧法 [J]. 铜加工, 1983, 2: 89~93.

[35] 汤富麟. 异步单机连轧研究 [J]. 钢铁, 1979, 14 (6): 43~55.

[36] 吴隆华, 张之香. "S" 异步轧法及其应用 [J]. 钢铁, 1979, 14 (3): 71.

[37] 马东清. 异步轧制对金属组织和性能的影响及其力能参数的研究 [D]. 北京: 北京钢铁研究总院, 1981.

[38] 齐克敏, 李壬龙, 高秀华, 邱春林. 异步轧制取向硅钢薄带的三次再结晶 [J]. 钢铁, 2001, 36: 58~61.

[39] 王彤. 异步轧制对电工钢磁性及织构的影响 [D]. 沈阳: 东北大学, 1996.

[40] 崔玉圻. 异步轧制取向硅钢薄带再结晶的研究 [D]. 沈阳: 东北大学, 2001.

[41] 高秀华. 异步轧制取向硅钢极薄带的研究 [D]. 沈阳: 东北大学, 2002.

[42] Liu G, Wang F, Zuo L, Qi KM, Liang ZD. Effect of cross shear rolling on textures andmagnetic properties of grain oriented silicon steel [J], Scripta Materialia. 1997, 37 (12): 1877~1881.

[43] Liu G, Zuo L, et al. Trough thickness variation of cross shear rolling texture in grainoriented silicon steel [J]. J. Mater. Sci. Tech. , 2002 (18): 519~521.

[44] 上城太一, 新谷定彦. 异周速压延を行つた面心立方金属の压延ならびに再结晶集合组织 [J]. 塑性と加工, 1984, 25 (280): 375~380.

[45] 裴伟. 磁场退火下无取向硅钢薄板再结晶织构研究 [D]. 沈阳: 东北大学, 2006.

[46] 贺敏辛. 现代轧制理论 [M]. 北京: 冶金工业出版社, 1993: 73~74.

[47] 屋铺 裕义, 田中 隆, 土居 光代. 優れた磁気特性を有する電磁鋼板の製造方法. 特開平7 - 18335, 平成7年 (1995) 1月20日.

[48] 平嶋 浩一, 早川 康之, 今村 猛. 下地被膜を有しない、打ち抜き加工性の良好な方向性電磁鋼板の製造方法. 特開2004 - 292833. 平成16年10月21日 (2004. 10. 21).

[49] 熊野 知二, 久保田 猛, 山本 政広, 原田 裕行. 磁気特性が優れた無方向性電磁鋼板の製造方法. 特開平 5 – 140647, 平成 5 年 (1993) 6 月 8 日.

[50] 早川 康之, 岡部 誠司, 山上 日出雄, 今村 猛, 黒沢 光正. 下地被膜を有しない、磁束密度の高い方向性電磁鋼板の製造方法. 特開 2003 – 34821 (P2003 – 34821A) 平成 15 年 2 月 7 日.

[51] 早川 康之, 山上 日出雄, 高島 稔, 今村 猛, 黒沢 光正. 下地被膜を有しない、磁束密度が高くかつ鉄損の低い方向性電磁鋼板の製造方法. 特開 2003 – 201516 (P2003 – 201516A), 平成 15 年 7 月 18 日.

[52] カバラ ルドルフ, ピルヒャー ハンス, フリードリヒ カール, エルンスト, ハマー ブリジッテ, シュナイダー ユールゲン等. 無方向性電磁鋼板の製造方法. 特開 2009 – 149993 (P2009 – 149993A), 平成 21 年 7 月 9 日.

[53] 高島 稔, 山口 広, 黒沢 光正, 小松原 道郎. 歪取焼鈍後の磁気特性および被膜密着性に優れた電磁鋼板の製造方法. 特開 2002 – 235118 (P2002 – 235118A), 平成 14 年 8 月 23 日.

[54] 早川 康之, 今村 猛, 黒沢 光正. 歪取り焼鈍後の鉄損に優れ、かつ打ち抜き加工性が良好な方向性電磁鋼板およびその製造方法. 特開 2003 – 34850 (P2003 – 34850A), 平成 15 年 2 月 7 日.

[55] 河野 雅昭, 尾田 善彦, 大久保 智幸, 本田 厚人. エッチング加工用無方向性電磁鋼板とモータコアの製造方法. 特開 2009 – 167480 (P2009 – 167480A), 平成 21 年 7 月 30 日 (2009. 7. 30).

[56] 村上 英邦. 磁気特性に優れた電磁鋼板及びその製造方法. 特開 2003 – 277893 (P2003 – 277893A), 平成 15 年 10 月 2 日 (2003. 10. 2).

[57] 岡部 誠司, 早川 康之, 今村 猛, 黒沢 光正. 磁気特性の優れた二方向性電磁鋼板およびその製造方法. 特開 2001 – 164344 (P2001 – 164344A), 平成 13 年 6 月 19 日 (2001. 6. 19).

[58] 黒崎 洋介, 久保田 猛, 宮寄 雅文. 磁気特性の優れた無方向性電磁鋼板の製造方法. 特開 2008 – 132534 (P2008 – 132534A), 平成 20 年 6 月 12 日 (2008. 6. 12).

[59] 早川 康之, 山上 日出雄, 高島 稔, 今村 猛, 黒沢 光正. 磁束密度が高くかつ鉄損の低い方向性電磁鋼板の製造方法. 特開 2003 – 201515 (P2003 – 201515A), 平成 15 年 7 月 18 日 (2003. 7. 18).

[60] 山口 広, 早川 康之, 平谷 多津彦. 方向性電磁鋼板の脱炭および脱窒処理方法. 特開 2010 – 196081 (P2010 – 196081A), 平成 22 年 9 月 9 日 (2010. 9. 9).

[61] 早川 康之, 高宮 俊人, 千田 邦浩, 黒沢 光正. 高周波磁気特性および被膜特性に優れた低鉄損方向性電磁鋼板の製造方法. 特開 2002 – 194434 (P2002 – 194434A), 平成 14 年 7 月 10 日 (2002. 7. 10).

[62] 大村 健, 河野 雅昭, 河野 正樹. 高周波磁気特性に優れたFe – Cr – Si 系無方向性電磁鋼板およびその製造方法. 特開 2004 – 218082 (P2004 – 218082A), 平成 16 年 8 月 5 日 (2004. 8. 5).

[63] べ 乗根, 張三奎, 禹宗秀, 李原杰. 絶縁被膜の密着性が優秀な無方向性電磁鋼板の製造方法. WO97/22723, 平成 11 年 (1999) 1 月 12 日.

[64] 早川 康之, 今村 猛, 吉川 慎一. 鉄損が低くかつ磁束密度の高い方向性電磁鋼板の製造方法特開 2005 – 68525 (P2005 – 68525A), 平成 17 年 3 月 17 日 (2005. 3. 17).

[65] 中山 大成. 磁気特性に優れた高強度無方向性電磁鋼板およびその製造方法. 特開平 10 – 18005, 平成 10 年 (1998) 1 月 20 日.

[66] 田中 隆, 屋鋪 裕義. 回転機用無方向性電磁鋼板の製造方法. 特開平 6 – 116640, 平成 6 年 (1994) 4 月 26 日.

[67] 屋鋪 裕義, 田中 隆, 土居 光代. 優れた磁気特性を有する電磁鋼板の製造方法. 特開平 7 – 18335, 平成 7 年 (1995) 1 月 20 日.

[68] 真鍋 昌彦, 室 吉成, 小原 隆史. 連続焼鈍による電磁鋼板の製造方法. 特開平 5 – 70833 平成 5

年（1993）3 月 23 日.

［69］矢埜 浩史，佐藤 圭司，小原 隆史. 磁気特性の優れた無方向性電磁鋼板およびその製造方法. 特開平 8－41603，平成 8 年（1996）2 月 13 日.

［70］熊野 知二，久保田 猛，山本 政広，原田 裕行. 磁気特性が優れた無方向性電磁鋼板の製造方法. 特開平 5－140647，平成 5 年（1993）6 月 8 日.

［71］室 吉成，真鍋 昌彦，小原 隆史. 磁気特性の優れた無方向性電磁鋼板の製造方法. 特開平 5－209224，平成 5 年（1993）8 月 20 日.

［72］姜世勇，王一德，李慧峰，王立新，崔天燮，辛宪诚，王荃，赵建伟. 中高牌号冷轧无取向硅钢及其制造方法. 中国专利：200710139635. X，2007.10.26.

［73］赵大强. 高导磁镀硅硅钢片的制作方法. 中国专利：02149091.0，2003.

［74］张新仁，谢晓心，李炳南，熊梅. 高效电机铁芯用系列电工钢. 中国专利：00115993.3，2001.

［75］张新仁，谢晓心，熊梅，卢凤喜. 高磁感系列无取向电工钢及生产方法. 中国专利：01138224.4，2002.

［76］庞远林，王波，孙焕德，陈易之，张丕军，杨春平，刘献东. 冷轧无取向电工钢的制造方法. 中国专利：200310108197.2；2005.

［77］周世春，左良，沙玉辉，张芳. 一种低铁损冷轧无取向硅钢板的制造方法. 中国专利：200510046810.1，2005.

［78］沙玉辉，左良，张芳，裴伟，徐家桢. 用异步轧制工艺制造低铁损冷轧无取向硅钢板的方法. 中国专利：200510046812.0；2005.

［79］沙玉辉，赵骧，左良，裴伟. 一种无取向硅钢片的制造方法. 中国专利：200510047264.3；2006.

［80］李炳南，潘燕芳，何礼君. 半工艺冷轧无取向电工钢板的生产方法. 中国专利：94107147.2，1994.

2 金属材料的织构

织构的研究有着重要的价值。为了充分发挥材料的服役性能或成形性能，常设法赋予某种材料一定的织构组态，如在硅钢片、电容器铝箔、干电池用锌皮、罐用铝合金薄板、装甲板及功能陶瓷材料的生产中，人们采用了专门的生产技术和工艺。研究材料的弹性和屈服行为与织构的关系，可深入分析材料各向异性行为的微观本质，建立本构关系。人们往往将材料的织构资料结合电子显微分析术所获得的信息进行综合分析和研究。

织构分析可分为宏观织构分析和微观织构分析。宏观织构分析探测的主要手段有 X 射线衍射和中子衍射技术，测量结果富有宏观的统计意义，其中，X 射线衍射术在通体织构的探测中应用最为广泛。为了提高测量的精度，织构的测定使用了同步加速器。微区织构探测则是借助于单晶定向的方法直接测出各个晶粒的取向，包括透射电子显微镜选区衍射（SAD）技术、电子通道花样（ECP）、选区通道花样（SACP）技术、电子背散射花样（EBSP）技术、X 射线衍射 Kossel 花样术、Laue 术、坑蚀术等，其中，EBSP 技术的快速发展，使之成为微区织构探测的主要手段。材料的织构由实验室测定发展到了能控制工业生产的在线检测技术，在线检测技术中配有织构分析程序，因而加快了织构测定速度，提高了生产的控制技术。

2.1 晶体的各向异性与织构

2.1.1 晶体的各向异性

晶体的各向异性即沿晶格的不同方向，原子排列的周期性和疏密程度不尽相同，由此导致晶体在不同方向的物理、化学特性也不同，这就是晶体的各向异性。晶体的各向异性具体表现在晶体不同方向上的弹性模量、硬度、热膨胀系数、导热性、电阻率、电位移矢量、电极化强度、磁化率和折射率等都是不同的。如体心立方结构 $\alpha-Fe$ 单晶体的弹性模量 E，在 $<111>$ 方向 $E=2.8\times10^5\,MPa$，而在 $<100>$ 方向 $E=1.32\times10^5\,MPa$，两者相差两倍多[1]。

多晶体是由许多晶核长成的大晶体，因各晶核的原子排列方式相同，而位向不同，因此在各晶核长成的晶粒交界处存在着晶界，所以多晶体由许多晶粒组成。多晶体中各晶粒相当于一个小的单晶体，它具有各向异性。由于各晶粒位向不同，因此它们的各向异性相互抵消，表现为各向同性，多晶体的这种现象称为伪等向性（伪无向性）。

2.1.2 晶体的织构

在材料的生产、使用以及研究方面，一个不可忽视的问题就是"材料具有各向异性"，即材料的性质，在材料内部的不同方向不是等同的。其中原因之一就是由于成分的偏析、非金属夹杂物或第二相的分布状态，以及在加工过程中金属的流动等因素造成的。

其次，实际应用的材料大多是多晶体，各个晶粒不一定都是无序排列的。晶体在不同的晶体学方向上，具有不同的性质，如果晶粒只沿某个方向排列，就会构成各向异性。铸造时金属冷却方向不同，电沉积时电流方向不同，塑性加工时材料的流动方向的不同以及加工后的退火都会出现这种状态。

有效利用晶体各向异性，最大限度挖掘材料的潜能以及防止因各向异性而产生不利影响的理论和技术，在材料研究中是非常重要的。如利用磁性各向异性的硅钢，利用塑性变形各向异性的汽车钢板等。另一方面，由于原子反应堆材料铀的辐射的各向膨胀，钢板冲压发生的制耳和表面起伏等，也是起因于晶体各向异性。为了利用或抑制这种各向异性，把多晶体的晶体取向转变到最实用的方向的技术叫做织构控制，是材料组织控制技术的一个重要分支。

多晶体在其形成过程中，由于受到外界的力、热、电、磁等各种不同条件的影响，或在形成后受到不同的加工工艺的影响，各晶粒就会沿着某些方向排列，呈现出或多或少的统计不均匀分布，即出现在某些方向上聚集排列，在这些方向上取向几率增大的现象，这种现象叫做择优取向。择优取向的多晶体取向结构称为织构（preferred orientation distribution）[2]。根据近些年来的研究，许多人认为晶体学织构的概念是：多晶材料在外界条件作用下晶粒取向偏离随机分布的状态[3]。

材料中晶粒取向的4种分布状态，如图2-1所示，图中 $f(g)$ 为取向分布密度，g 为晶体的取向。当晶粒取向随机分布或无织构时，$f(g)$ 在取向空间处是1，如图2-1（a）。但当晶粒取向集中在某一或某些取向附近时，则晶粒形成择优取向分布，如图2-1（b）所示。还有一些中间情况，如图2-1（c）、（d）所示，这两种情况并没有明显的择优取向现象，但有这两种分布状态的材料也同样存在各向异性。图2-1（b）、（c）、（d）所示的晶粒取向都偏离了随机分布状态，都应该认为是织构现象。因此，晶粒取向是否偏离随机分布是确定多晶材料是否具有织构的依据。

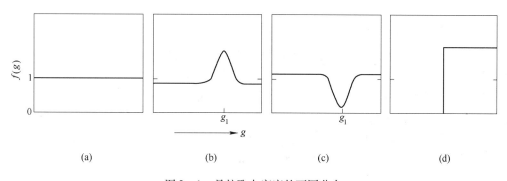

图2-1 晶粒取向密度的不同分布

择优取向的形成存在于材料的制造过程中，如结晶、塑性加工中的塑性变形、热处理期间的再结晶和相变等，都依赖于晶体取向。材料的织构是记录其生成和发展经过的履历书，如果能够解读它，就能得到了解材料制造和使用的经历的线索。同样的，岩石的织构记录了地壳变动和山体运动等表示地球历史的痕迹，在现代地质学等地球科学领域的研究正不断发展着[4]。

2.1.3 织构的类型

织构在金属材料中的存在具有普遍性。工业上常见有铸造织构、变形织构、再结晶织构、晶粒长大织构、相变织构等。材料的织构不仅受加工、热处理方式及其工艺参数的影响，而且还受金属的点阵类型、合金元素的性质与含量、材料的原始组织状态等因素的影响与控制。

多晶材料的织构常用 X 射线衍射照片、极图、反极图和取向分布函数表示。由于晶体取向需要三个独立参数才能确定，因此，只有三维取向分布函数才能准确地表示织构，并且还能用它定量地描述与分析织构。三维取向分布函数在织构领域已得到了广泛应用，并且仍在不断发展着。其他表示织构的传统方法都只能是晶体取向分布的某种投影，一般难以直接表示晶体取向及其分布。极图和反极图简便且直观，也常被采用。衍射照片法古老费时且不能定量，已趋于淘汰。

为了具体描述织构（即多晶体的取向分布规律），常把择优取向的晶体学方向（晶向）和晶体学平面（晶面）跟多晶体宏观参考系相关联起来。这种宏观参考系一般与多晶体外观相关联，譬如丝状材料一般采用轴向；板状材料多采用轧面及轧向。多晶体在不同受力情况下，会出现不同类型的织构。材料形成的经历各不相同，故织构的类型多种多样。就晶粒取向方式而言，织构的类型只有三种[5]。

（1）材料中多数晶粒均以某一晶向 $<uvw>$ 平行或近似平行于该材料的一个特征外观方向。这种织构在拉拔的金属丝材中最为典型，故常称为丝织构。特征外观方向称为织构轴。理想的丝织构往往沿材料流变方向对称排列。其织构常用与其平行的晶向指数 $<uvw>$ 表示。

（2）轧制板材的晶体，既受拉力又受压力，因此除以某些晶体学方向平行轧向外，还以某些晶面平行于轧面，此类织构称为板织构，常以 $\{hkl\}$ $<uvw>$ 表示。如取向硅钢中高斯（Goss）织构的晶粒是以 $\{110\}$ 平行于轧面，$<001>$ 方向平行于轧向，即 $\{110\}$ $<001>$。

（3）在某些锻压、压缩多晶材料或陶瓷材料中，晶粒往往以某一晶面法线平行于压缩力轴向，而在此面内的各方向上并不再呈现择优取向，此类择优取向称为面织构，常以 $\{hkl\}$ 表示。

材料中只有单一织构组分的并不多见，更普遍的情况往往是几种组分共存。例如，冷拔金丝中一部分晶粒倾向以 $<111>$ 平行丝轴，另一部分晶粒以 $<100>$ 平行丝轴；冷轧铜板中较多晶粒倾向以 $\{112\}$ $<111>$ 平行轧面和轧向，其余晶粒则倾向于 $\{110\}$ $<112>$ 或 $\{123\}$ $<634>$ 同时平行轧面和轧向[6]。

2.1.4 织构与力学性能的各向异性

在不同的晶体学方向上的力学性能是有差异的。表 2 - 1 为常用金属在 $<100>$、$<111>$ 方向上的弹性模量和切变模量。表 2 - 2 为 3% 硅钢在 $<100>$、$<110>$、$<111>$ 方向上的力学各向异性值。有研究表明，一些体心立方金属如 α - Fe、Nb、Mo、Ta、W 和 V，由于织构组分的不同，弹性模量也有不同。α - Fe 和 Ta 的弹性模量，在与轧向 45°方向最大；V，Mo，Nb 则相反，在轧向和横向上最大，与轧向 45°方向最小[7]。

表2-1 金属的力学各向异性

金属晶系	金属名称	弹性模量 E/MPa				切变模量 G/MPa			
		晶向	E_{max}	晶向	E_{min}	晶向	G_{max}	晶向	G_{min}
立方系	铝	<111>	75460	<100>	62720	<100>	28420	<111>	24500
	金	<111>	111720	<100>	41160	<100>	40180	<111>	17640
	铜	<111>	190120	<100>	66640	<100>	75460	<111>	30380
	银	<111>	114660	<100>	43120	<100>	43610	<111>	19306
	钨	<111>	392000	<100>	392000	<100>	151900	<111>	151900
	铁	<111>	284200	<100>	132300	<100>	115640	<111>	59780
六方系	镉	90°	81340	0°	28224	90°	24598	30°	18032
	镁	0°	50372	53.3°	42826	44.5°	18032	90°	16758
	锌	70.2°	123774	0°	34888	90°	48706	41.8°	27244
正方系	锡	<001>	84672	<110>	26264	45.7°	17836	<100>	10388

表2-2 3%硅钢的力学各向异性

晶 向	弹性模量/MPa	弹性极限/MPa	屈服强度/MPa	抗拉强度/MPa
<100>	131320	282	365.54	406.7
<110>	205800	290	372.4	441
<111>	282240	372	426.3	468.44

2.1.5 织构与磁各向异性

铁磁材料的晶体取向对磁性有显著的影响，α-Fe 单晶体在 <100>、<110> 和 <111> 方向上的磁化是不同的，<100> 方向在很小磁场下即可达到磁饱和，<110> 方向差些，<111> 方向更差。镍单晶的 <111> 方向为易磁化方向，而 <100> 方向为难磁化方向。对于硅钢，如果能够经过合适的冷轧和退火，获得 (110)<001> 织构组分，则会使硅钢的磁性提高。面心立方的镍-铁（50%-50%）二元合金，经过大压下量冷轧以后，形成的冷轧织构，主要为 {110}<112>+{112}<111>，在1100℃退火可以形成晶粒很小的立方织构，磁性较好[8,9]。磁化时，180°磁畴壁的驱动力与硅钢板织构有密切关系，<100> 平行于外磁场方向的织构有利于减小磁时效导致的铁损增幅，降低硅钢板的磁时效效应[10]。不同晶体学平面对无取向硅钢电磁性能的贡献及其磁性各向异性的影响是不同的，对无取向硅钢磁感应强度的贡献依照以下次序降低：{100}-{310}-{411}-{521}-{210}、{431}、{321} 和 {211}-332}-{433}-{111}；而磁性各向异性则 {110} 晶面最强，{111} 晶面最弱，{111} 晶面其他晶面的磁性各向异性以 {110} 晶面的极点为中心呈放射递减状分布在反极图上[11]。

2.2 织构的表示法

择优取向是多晶体在空间中集聚的现象，肉眼难于准确判定其取向。为了直观地表示，必须把这种微观的空间集聚取向的位置、角度、密度分布与材料的宏观外观坐标系（拉丝及纤维的轴向，轧板的轧向、横向、板面法向）联系起来。通过材料宏观的外观坐标系与微观取向的联系，就可直观地了解多晶体微观的择优取向。

晶体 X 射线学中，织构表示方法有多种，如晶体学指数表示法、直接极图法、反极图法、等面积投影法与晶体三维空间取向分布函数法等。

2.2.1 晶体学指数表示法

在纤维材料或者丝中形成的织构，它们通常是以一个或几个晶体学方向 $<uvw>$ 平行或近似平行于纤维或丝的外观方向。通过这种表示法，人们了解到在这种纤维或丝中，多晶体材料中的大多数晶粒是以 $<uvw>$ 晶向平行或近似平行于纤维轴而择优取向的，因此说这种纤维材料或丝，具有 $<uvw>$ 丝织构。

对于板织构，由于轧制变形包含压缩变形及拉伸变形，晶体在压力作用下，常以某一个或某几个晶面 $\{hkl\}$ 平行于板面，而同时在拉伸力作用下又常以 $<uvw>$ 方向平行于轧制方向，因而这种择优取向就表示为 $\{hkl\}<uvw>$。如果轧向与晶体学方向 $<uvw>$ 有偏离，则常在它后面加上偏离的度数，如偏离 $\pm10°$，则可表示为 $\{hkl\}<uvw>\pm10°$。用 $\{hkl\}$ 表示面织构。

晶体学指数表示法表示晶体空间择优取向既形象又具体，文字书写时简洁明了，是最常用的表示法之一。缺点是，它只表示出晶体取向的理想位置，未表示出织构的强弱及漫散程度。密勒指数表示织构虽然很直观，但是为了定量分析和计算的方便，晶体取向常用欧拉角描述。密勒指数与欧拉角的表示存在量的换算关系。

2.2.2 极图表示法

为了表示出织构的强弱及漫散程度，常采用平面投影的方法，最常用的是极射赤道平面投影。晶体在三维空间中取向分布的三维极射赤道平面投影，称为极图。极图表示法是把多晶体中每个晶粒的某一低指数晶面（hkl）法线相对于宏观坐标系（轧制平面法向 ND、轧制方向 RD、横向 TD）的空间取向分布，进行极射赤道平面投影来表示多晶体中全部晶粒的空间位向。

2.2.2.1 极射赤面投影

A 球面投影

将一个很小的晶体放在一个大圆球（称参考球）的中心处，然后从球心出发，引每一晶面的法线，延长后各自交球面于一点，这些点便是相应晶面的球面投影点，这种投影方法称为晶体的球面投影，晶面法线与球面的交点称为极点，如图 2-2 所示，所谓球面投影就是用极点来表示相应的晶面。

与参考球相比，晶体的相对体积很小，因此可以认为每个晶面都穿过球心，一般是任何通过球心的平面都和球面相交成"大圆"，任何不通过球心的平面都和球面相交成"小圆"。如果晶面属于晶体中的同一晶带，那么它们的法线在同一平面上，因而它们的极点在同一大圆上，而其晶带轴的极点在 90°以外，即垂直于大圆的直径和参考球面所形成的极点。

B 极射赤面投影

如图 2-3 所示，取一点 O 为投影中心，以一定的半径作一个球，称为投影球；通过

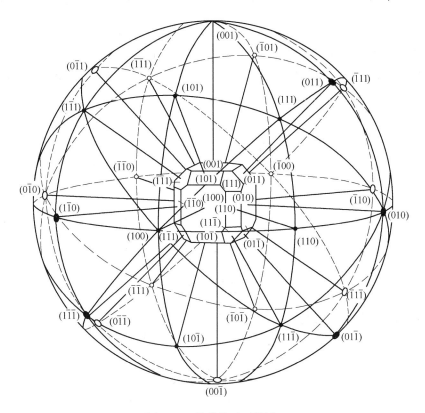

图 2-2 晶体的球面投影

球心作一个水平面 Q，称为投影面；投影面与投影球相交为一圆，它相当于地球的赤道，称为基圆；垂直投影面的直径 NS，称为投影轴；投影轴与投影球面的两个交点 N 和 S，即投影球的北极和南极，它们分别称为上目测点和下目测点。

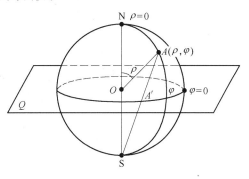

图 2-3 球坐标

这样，球面上的任一点 A 的位置可以用球面坐标（spherical coordinate）：辐角 φ 与极角 ρ 来确定，极角 ρ 相当于纬度，辐角 φ 相当于经度。

极角是指该球面投影点与北极 N 之间的弧角，也即为投影轴与晶面法线之间的夹角（OA 与 ON 夹角），这个角度应在 $0° \sim 90°$ 之间，如果在 $90° \sim 180°$ 之间，意指该晶面位于下半球。辐角是指包含该球面投影点的子午面与 $0°$ 子午面的夹角，$0°$ 子午面是事先选定的，所谓子午面是指包含投影轴的圆切面，它可以绕投影轴做 $360°$ 旋转，所以方位角应在 $0° \sim 360°$ 之间。

极射赤面投影（stereographic projection）简称赤平投影，是以赤道平面为投影面，以南极（或北极）为目测点，将球面上的点、线进行投影。处于上半球面上的极点和 S 相连，处于下半球面上的极点和 N 相连，它们的连线和投影面的交点就是这个极点的极射赤面投影点。如图 2-4 所示，球面上的点 A、B、C、D 与南极 S 连线，即得到各点的极

射赤平投影点 A'、B'、C'、D'。极射赤面投影图是在球面投影的基础上进行二次投影得到的几何图形，因此两者之间存在一些重要的对应关系：（1）参考球面上过南北极的大圆，在极射赤面投影图上是一根过圆心的直线；（2）参考球上的大圆投影到基圆上成为圆弧，其两端在基圆直径的两端点上；（3）球面上一般小圆的投影是小圆弧。

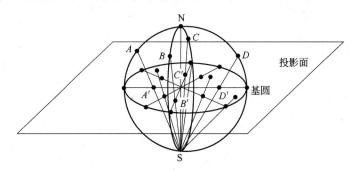

图 2-4 极射赤面投影示意图

如果将晶体各晶面的球面投影点（极点）与南极点 S（或北极点 N）做连线，每条连线将与投影面相交于一点，这些点也就是相应晶面的极射赤平投影点，如图 2-5 所示。

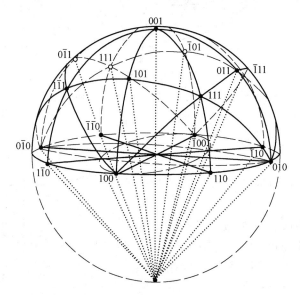

图 2-5 将晶面的球面投影点投影到赤平面上

在进行了极射赤平投影后，辐角与极角也可以在投影平面内测量出来，辐角可在基圆上量得，而极角就表现为投影点距圆心的距离（设 h 为距圆心的距离，与极角的关系为：$h = r\tan\dfrac{\rho}{2}$，其中 r 为基圆半径），如图 2-6 所示。

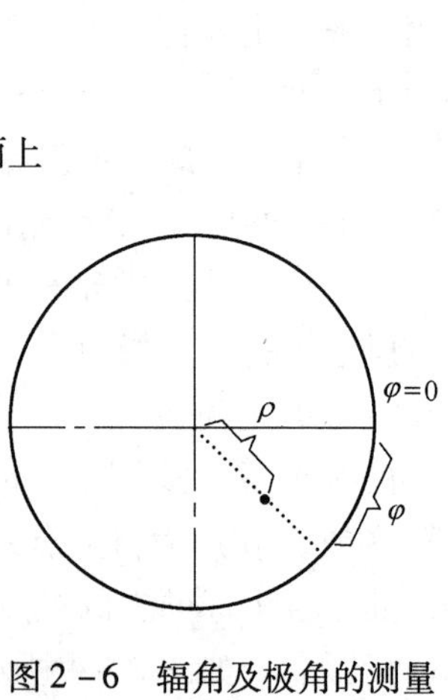

2.2.2.2 单晶标准投影图

如果把一个单晶体放在投影球的球心，依次使其某些特

图 2-6 辐角及极角的测量

定晶面与赤道平面重合，然后将其他各个晶面法线投影到赤道平面上，便成了标准投影图。这些特定晶面常采用低指数晶面，立方晶系中如（001）、（110）、（111）、（112）等较常用，其标准投影图如图2-7所示。单晶标准投影图可用于标定极图织构。在测定和

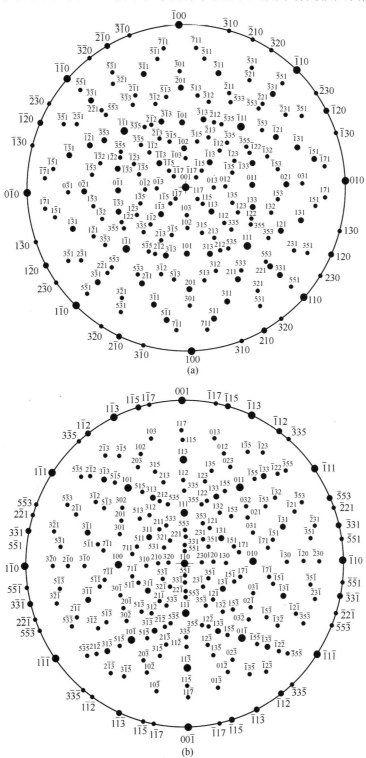

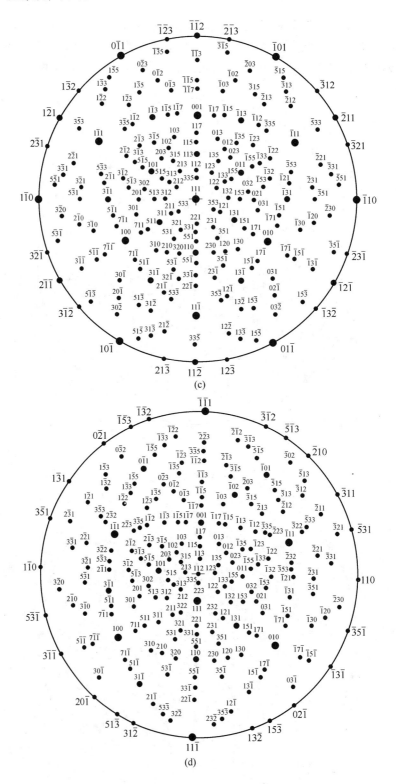

图 2-7 立方晶系单晶标准投影极图

(a) (001); (b) (110); (c) (111); (d) (112)

分析晶体取向时，需事先作好各类单晶体的标准极射赤面投影图，并在其上标明晶体中一些主要晶面的投影。

下面以立方晶系的（001）标准投影图为例说明其做法：以（001）晶面平行于投影面作极射赤面投影图，然后在投影图上标明一些晶面的分布情况。由于（001）晶面的法线方向指向参考球的 N–S 方向，因此在立方晶系的（001）标准投影图中，（001）晶面的投影位于标准投影图的中心；（100）、（010）、（110）等晶面法向平行于投影面，故其投影均分布在基圆上。

利用极射赤面投影的方法可以方便地把某一晶体的各个晶面的法线方向标记到赤平面上。对于立方晶系晶体晶向和晶面的法线方向是一致的，因此也就是把晶向标记到赤平面上，如图 2－8 所示。图中 ●、□、△ 分别表示 2 重对称轴、4 重对称轴、3 重对称轴。

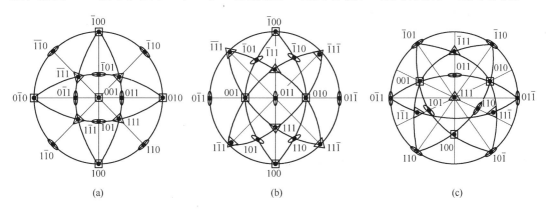

图 2－8　立方晶系的极射赤面投影
(a)（100）；(b)（011）；(c)（111）

2.2.2.3　极图

极图是表示被测材料中各个晶粒的任一选定晶面 $\{hkl\}$ 的取向分布的图形。为便于测定和表示晶面的取向，参照坐标系必须与材料的外观相联系。在极图表示法中，选材料外观上三个彼此正交的特征方向作为直角参考坐标系 $OABC$；例如，对轧制板材，以轧向 RD、横向 TD 和轧面法向 ND 为坐标轴。至于晶面的取向，则是以其法向相对于 $OABC$ 的极角 χ 和辐角 η 来规定，如图 2－9 所示。将被测材料中各晶粒的 $\{hkl\}$ 晶面的法向均标出，再用极射赤面投影法将这一确切表现 $\{hkl\}$ 取向分布的立体图形平面化，即成为该材料的 hkl 极图。通常，投影面平行被测材料表面[12]。为了确切、定量表现 $\{hkl\}$ 法向，引入了极密度 $q_{hkl}(\chi, \eta)$。$q_{hkl}(\chi, \eta)$ 的定义是

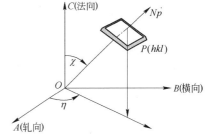

图 2－9　晶面法线的表示

$$q_{hkl}(\chi, \eta) = K_q \frac{\Delta V/V}{\sin\chi\Delta\chi\Delta\eta} \tag{2-1}$$

式中，$\sin\chi\Delta\chi\Delta\eta$ 为包含方向 (χ, η) 的方向元；$\Delta V/V$ 为 $\{hkl\}$ 法向落在该方向元内的

晶粒所占的试样体积分数；K_q 为比例系数。通常以无织构时 $q_{hkl}(\chi, \eta)$ 所在方向上均为 1 作为极密度的量度，此时 $K_q = 4\pi$。

以 $OABC$ 的 O 点为球心作一球面，把放置在投影球心的多晶试样中每个晶粒的某一 $\{hkl\}$ 晶面法线与投影球面的交点，都投影在标明了试样宏观方向 RD、TD、ND 的赤道平面上之后，把极点密度相同的点连线，形成等极密度线，这便形成了可表示出织构强弱和漫散程度的极图。由于在这个投影图上只投影了 $\{hkl\}$ 极点，其他晶面并未投影出来（这与单晶标准投影图不同），因此这个极图便叫做 $\{hkl\}$ 极图。对于任一晶体取向，晶体中 $\{hkl\}$ 面族各法向相对于 $OABC$ 均已固定，将此族法向向极射赤面投影于 OAB 平面，即为该取向（或理想织构组分）的 $\{hkl\}$ 极图。为通过极图进行织构分析，需要先绘制一套理想织构组分的 $\{hkl\}$ 极图。将这些理想极图逐一与试样的实测极图对比，即可定出该试样的织构组分和漫散程度。ODF 分析方法出现以前，极图是研究织构的主要方法，但极图是以一组极点与一织构组分对应，极点的选组需经验技巧，不仅难以定量分析织构，而且可能造成误判。

极图反映出在试样中具有某种择优取向时，$\{hkl\}$ 极点所形成的极密度分布花样。$\{hkl\}$ 一般采用低指数晶面，在 $\alpha - Fe$ 中常用 $\{200\}$、$\{110\}$、$\{112\}$ 等，因此就可分别绘出 $\{200\}$、$\{110\}$、$\{112\}$ 等极图。需要指出的是，同一试样的 $\{200\}$ 极图与 $\{110\}$ 或其他 $\{hkl\}$ 极图上的极密度分布的花样可以不同，但根据它们所标定的织构却是相同的。实际工作中可根据需要和方便，选测某一特定 $\{hkl\}$ 极图，还可用另一 $\{hkl\}$ 极图验证所定织构的正确性。因此所测极图必须标明是哪一个 $\{hkl\}$ 晶面的极图。用极图来标定织构时，把它叠在单晶标准投影图上面，把极图上极密度大的区域对准标准投影图上的相应的 $\{hkl\}$ 极点，然后定出板织构，如测绘出的 $\{200\}$ 极图，那么这个极图上所有 $\{200\}$ 极点密度分布就表示了织构状况。其他晶面极点对此极图没有贡献，因此标定织构时除要选择合适的单晶标准投影图外，重要的是使图中的 $\{100\}$ 极点（单晶中 $\{100\}$、$\{200\}$ …均重叠在一起）落在所测绘的 $\{200\}$ 极图的最强区内，极图能表示出织构类型、强弱及漫散程度和偏离情况。

2.2.3 反极图表示法

反极图最初出现在丝织构的研究中，它表现的是试样中各晶粒的丝轴方向在晶体学空间的分布。反极图是以晶体学方向为参照坐标系，特别是以晶体的重要的低指数晶向为此坐标系的三个坐标轴，而将多晶材料中各晶粒平行于材料的特征外观方向的晶向均标示出来，因而表现出该特征外观方向在晶体空间中的分布。将这种空间分布以垂直晶体主要晶轴的平面作投影平面，作极射赤道平面投影，即成为此多晶体材料的该特征方向的反极图。所以说反极图是表示被测多晶材料各晶粒的平行某特征外观方向的晶向在晶体学空间中分布的三维极射赤道平面投影图。通常，反极图最适合于用来表示丝织构，但由于 G. B. 哈利斯（Harris）式反极图测绘容易，早期它也常用于板织构研究。板织构材料的特征外观方向则有三个：轧向、横向、轧面法向，就需作三张反极图，它们分别表示了三个特征外观方向在晶体学空间的分布几率。在每张反极图上，分别表明了相应的特征外观方向的极点分布。其中一张是轧向反极图，表示了各晶粒平行轧向的晶向的极点分布；另一张是轧面法向反极图，表示了各晶粒平行于轧面法线的晶向的极点分布；第三张是横向反极图, 表示了各晶粒平行于横向的晶向的极点分布。不同晶系, 反极图形状有所不同。由于晶体有对称性, 标准投影图可以划分为若干个晶向等效区。立方晶系对称性高, 标准投影图中以 <001>、<101> 和 <111> 三族晶向为顶点, 可将上半球面投影划分成 24 个等效区。一般选用 [111] – [011] – [001] 构成的球面三角投影, 已足以表示出所有方向。正交晶系只需取投影图的一个象限即可表示。

反极图表示法可给出织构材料的轧向、轧面法向、横向在晶体学空间中的分布。而材料的板织构类型是用尝试法、从分立的三张反极图中来判定的, 但有些板织构类型难于用反极图作出判断, 因此, 用这种方法判定板织构类型有时有可能引起误判、漏判。

2.2.4 三维取向分布函数表示法

2.2.4.1 三维取向分布函数

极图和反极图均是晶体在空间中取向分布的极射赤面二维投影, 它们尚未能完全描述晶体的空间取向, 这就是用它们判定织构时会错判和漏判的原因。多晶织构材料的晶粒取向分布函数表示法是 1965 年由罗伊[13] (Roe) 和邦厄[14] (Bunge) 各自独立提出来的。

在罗伊法中, 参考坐标架 $OABC$ 与极图表示法中参考坐标架的选取是一样的。设 $OABC$ 固定安装在板状试样上, 三个坐标轴分别与板试样三个特征外观方向相合, 即 OA 为轧向, OB 为横向, OC 为板的轧面法向, 而在多晶材料中, 每个晶粒上固定安装上一坐标系 $O - XYZ$, 以晶粒上的 $OXYZ$ 坐标架相对于表示材料特征外观方向的坐标架 $OABC$ 的欧拉角 (ψ, θ, φ), 如图 2 – 10 所示[15]。作为该晶粒在空间的取向 (参数), 再以 (ψ, θ, φ) 为坐标轴建立一直角坐标架, 形成取向空间 (欧拉空间), 任一晶粒的取向, 当用 (ψ, θ, φ) 表示时, 它相应于欧拉空间中的一点, 此点坐标即为 (ψ, θ, φ), 组成多晶材料的各取向晶粒均相应于欧拉空间中的对应点, 这就组成该多晶材料的晶粒取向分布, 如图 2 – 11 所示。多晶材料中有大量晶粒, 每一取向可对应有若干晶粒, 故其取向密度为 $\omega(\psi, \theta, \varphi)$。

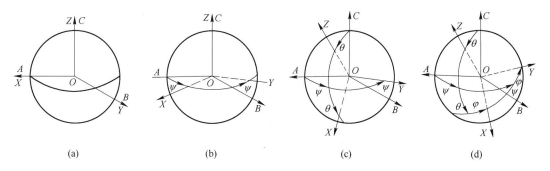

图 2 – 10 用欧拉角 (ψ, θ, φ) 表示的取向关系 (Roe 法)

(a) 初始位置; (b) 以 OZ 为轴, OX、OY 转过 ψ 角; (c) 以 OY 为轴, OZ、OX 转过 θ;

(d) 以 OZ 为轴, OX、OY 转过 φ 角 (所有转动均取逆时针方向为正)

设 $\Delta V/V$ 为试样中晶粒取向位于含有 $\{\psi, \theta, \varphi\}$ 的取向元 $\sin\theta\Delta\theta\Delta\psi\Delta\varphi$ 中的分数, 则 $\{\psi, \theta, \varphi\}$ 处的取向密度 $\omega\{\psi, \theta, \varphi\}$ 被定义为:

$$\omega\{\psi,\ \theta,\ \varphi\} = K_\omega \frac{\Delta V}{V\sin\theta\Delta\theta\Delta\psi\Delta\varphi} \qquad (2-2)$$

K_ω 为比例系数，并有

$$\int_0^{2\pi}\int_0^{\pi}\int_0^{2\pi}\omega(\psi,\theta,\varphi)\sin\theta\Delta\theta\Delta\psi\Delta\varphi = 1 \quad (2-3)$$

此时 $K_\omega = 1$，当 $\omega\{\psi,\ \theta,\ \varphi\} = 1$ 时，$K_\omega = 8\pi^2$。$\omega\{\psi,\ \theta,\ \varphi\}$ 确切、定量地给出了样品中晶粒出现在 $\{\psi,\ \theta,\ \varphi\}$ 取向处的几率，即多晶体材料中晶粒取向的空间分布，故称之为取向分布函数，简称 ODF。且常用一组恒 φ 或恒 ψ 截面图来显示出取向欧拉空间中那些取向上 $\omega(\psi,\theta,\varphi)$ 有最大值及其在空间的散

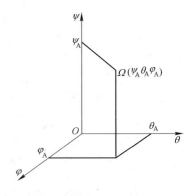

图 2 – 11　取向分布示意图

布情况。画这些恒 φ 或恒 ψ 截面图时，φ 或 ψ 可每隔 5°或 10°取值，在立方晶系如低碳钢板中，冷轧及退火织构常形成空中管道状走向，故常用一组恒 ψ 截面图表示出管道在空间的走向及散漫情况，而用 $\varphi = 45°$ 的截面图来研究其 α 和 γ 织构的分布细节。

习惯上晶粒取向采用 Miller 指数 $\{hkl\}$ $<uvw>$ 表示，其中 $\{hkl\}$ 是晶粒中平行于轧面的晶面，$<uvw>$ 为平行于样品轧向的晶向。对于立方系，Miller 指数和 Euler 角表示方法的对应关系为：

$$h:k:l = -\sin\theta\cos\varphi:\sin\theta\sin\varphi:\cos\theta$$
$$u:v:w = (\cos\theta\cos\psi\cos\varphi - \sin\psi\sin\varphi):$$
$$(-\cos\theta\cos\psi\sin\varphi - \sin\psi\cos\varphi):$$
$$(\sin\theta\cos\psi) \qquad\qquad (2-4)$$

织构的 ODF 表示法是表示织构的较好的方法，但它目前尚不能直接用衍射方法测得，而是通过测定织构材料的一个、二个或三个极图（或它们的数据）而用计算法求得。目前有多种途径来求得 ODF，其一为级数展开法，即按球谐分析法将 $\omega(\psi,\theta,\varphi)$ 表示式及极图极密度表示式展开成级数，从其系数算出 $\omega(\psi、\theta、\varphi)$ 级数的各系数，再组合成取向分布函数。其二为矢量法，引入织构矢量概念[16]，把材料中晶体取向分布用一组分立的织构矢量分量表示，而不再看成随取向连续变化的函数。于是 $\int_0^{2\pi}\omega(\psi,\theta,\varphi)\mathrm{d}\varphi = q_{hkl}(\psi,\theta)$ 式中的积分被加和式代替，等式右边则为实测极图上各点的极密度，即矢量法将取向空间分为 N 个取向元，将极图划分为 P 个等球面积小格，通过两者间形成的矩阵方程，从所测极图数据，算出晶粒取向分布。使用最少极密度原则确定织构矢量，所需实测极图数据较级数展开法少得多。对高对称性的立方晶系，只需一张完整或不完整极图。但矢量法的计算时间则比级数展开法多得多[17]。此外，从理论上说，尚有第三种可能的方法，即解积分方程[18]，从实测极图数据算出晶粒取向分布函数。其四是用最大熵原理，用较少的数据（1 个极图），计算出精度相当的 ODF 来，首先用于反极图测算[19]。

使用球面调谐函数计算 $\omega(\psi,\ \theta,\ \varphi)$ 时，其级数展开法可用于计算各晶系的 ODF，并回算任何 (hkl) 极图。此法还可计算反极图和估算材料宏观的各向异性。上述各方法，计算量大，需用电子计算机计算。

以 $(\psi,\ \theta,\ \varphi)$ 表示的晶粒取向，以 $\omega(\psi,\ \theta,\ \varphi)$ 表示取向密度的织构分析方法称为 Roe 符号系统。现代织构分析中还广泛使用着 Bungee 系统。Bungee 系统对试样和晶粒

亦各固定一立体直角坐标架；前者以 $OXYZ$ 表示，称 K_A 系，后者以 $OX'Y'Z'$ 表示，称 K_B 系。K_A 和 K_B 的安置要求与 Roe 系统相同。K_B 相对于 K_A 的取向 g 则以欧拉角（φ_1，Φ，φ_2）表示。其中 $OX'Y'Z'$ 的第一转 φ_1 和第三转 φ_2 仍均绕 OZ'，但第二转则是绕 OX'，因而有

$$\left.\begin{aligned}\varphi_1 &= \psi + \pi/2 \\ \Phi &= \theta \\ \varphi_2 &= \varphi + \pi/2\end{aligned}\right\} \tag{2-5}$$

Bunge 以 $f(g)$ 或 $f(\varphi_1，\Phi，\varphi_2)$ 表示取向密度，并有 $f_无(\varphi_1，\Phi，\varphi_2) \equiv 1$。材料的晶粒取向分布图则是以一组恒 φ_1 或 φ_2 的截面图表示。截面图组的分析方法与 Roe 相同。

2.2.4.2 利用极图计算 ODF

需要指出的是，材料织构的 ODF 目前尚不能用多晶衍射技术直接测得，而是通过该材料的几组极图（数据）或反极图（数据）经过数学处理而得到，ODF 计算的流程图如图 2－12 所示。由于极图能直接、便捷而准确地被测出，因而从极图数据计算 ODF 就成为唯一现实的途径。从极图求算 ODF 的方法有作图法[20]、解积分方程法、矢量法[21] 和谐分析法，其中谐分析法为现代织构分析术最基本的方法。

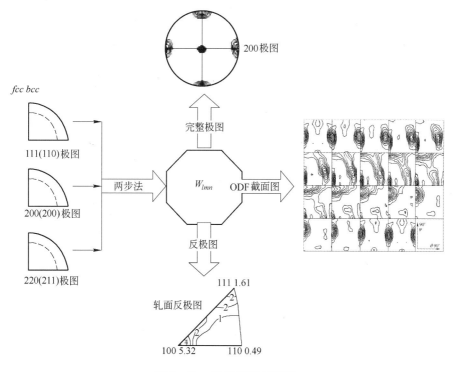

图 2－12　计算 ODF 流程图

谐分析方法是将极图的极密度 $q_j(\chi, \eta)$ 和晶粒取向分布密度 $\omega\{\psi, \theta, \varphi\}$ 分别按下式展开成级数，即

$$q_j(\chi, \eta) = \sum_{l=0}^{\infty}\sum_{m=-l}^{l} Q_{lm}^{j} P_l^m(\cos\chi) e^{-im\eta} \tag{2-6}$$

$$\omega(\psi,\theta,\varphi) = \sum_{l=0}^{\infty}\sum_{m=-l}^{l}\sum_{n=-l}^{l}W_{lmn}Z_{lmn}(\cos\theta)\,\mathrm{e}^{-im\psi}\,\mathrm{e}^{-in\varphi} \tag{2-7}$$

式中，Q_{lm}^j 为 j 晶面极图的极密度级数的第 lm 项系数；$P_l^m(\cos\chi)$ 为连带 Legendre 多项式；W_{lmn} 为 ODF 级数的第 lmn 项系数；$Z_{lmn}(\cos\theta)$ 为增广 Jacobi 多项式。式（2-6）的极密度级数系数 Q_{lm}^j 可由实测极密度数据 $q_j(\chi,\eta)$ 按下式直接求出，即

$$Q_{lm}^j = \frac{1}{2\pi}\int_0^{2\pi}\int_0^{\pi}q_j(\chi,\eta)p_l^m(\cos\chi)\,\mathrm{e}^{im\eta}\sin\chi\mathrm{d}\chi\mathrm{d}\eta \tag{2-8}$$

极密度级数系数 Q_{lm}^j 和 ODF 级数系数 W_{lmn} 之间的关系为：

$$Q_{lm}^j = 2\pi\left(\frac{2}{2l+1}\right)^{\frac{1}{2}}\sum_{n=-l}^{l}W_{lmn}P_l^n(\cos\theta_j)\,\mathrm{e}^{in\varphi_j} \tag{2-9}$$

式中，(θ_j,φ_j) 为 j 晶面法向相对于晶体坐标架的取向。根据两级数系数的关系式（2-9），由极密度级数 Q_{lm}^j 求出 ODF 级数系数 W_{lmn}。将 W_{lmn} 再代入式（2-7）即可求得材料的 ODF。需要说明的是，在利用实测极图数据计算材料的 ODF 时，从不完整极图计算 ODF 具有较大的实际意义。其中"二步法"是从不完整极图计算 ODF 最成功、有效的方法[22]。为解决衍射 Friedel 定律作用所导致的由极图计算 ODF 时奇次项丢失引入的负区和无实际意义的鬼峰，研究者们相继提出了许多求解完整 ODF 的方法，诸如零区法[23]和织构组分拟合法[24]。其中以东北大学织构研究室提出的最大熵法（MEM）[25,26]和改进的最大熵法（MMEM）[27,28]以及最近提出的粒子群算法（PSO）最富实际意义。该方法除用于求解真 ODF 外，还可用于薄膜材料的织构分析[29]和偏 ODF 分析（即材料主织构的分析），后者对金属薄板工业生产的性能在线监测至关重要[30]。

样品和极图的坐标关系如图 2-13 所示。在作极射赤面投影时，使投影平面与板面平行，在图中 RD 表示轧向，ND 表示轧面法向，TD 表示横向，ND_{hkl} 表示（hkl）晶面的法向。'RD'竖直向上，为了清楚起见，所有的极图中只标'RD'。

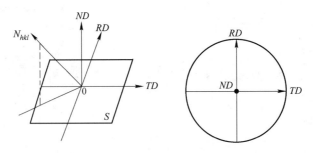

图 2-13　样品和极图的坐标关系

2.2.4.3　晶粒取向分布图（ODF）的分析

以 $\omega\{\psi,\theta,\varphi\}$ 值表示的晶粒取向分布图是一立体图，不便于构绘和分析，因此通常以一组恒 ψ 截面图或恒 φ 截面图表示（Roe 符号系统）。由于历史上的原因，欧、美等大多数国家的学者习惯于用 Bunge（φ_1，Φ，φ_2）符号系统表示 ODF，在一些国际著名学术期刊上发表的有关织构方面的文章也大多采用 Bunge 符号系统，我们国家的学者两者都有采用。实际上这只不过是一个习惯问题，两系统 Euler 角的对应关系如式（2-5）。

A 体心立方金属 ODF 分析

在 Euler 空间中，金属的取向一般集中分布在一些点和线上。取向集中分布的线称为取向线。对于体心立方结构的金属，具有代表性的织构通常是 <111>//ND 的 γ 纤维织构和 <110>//RD 的 α 纤维织构。体心立方结构金属的主要取向及取向线在 Euler 空间中的分布如图 2-14 所示。

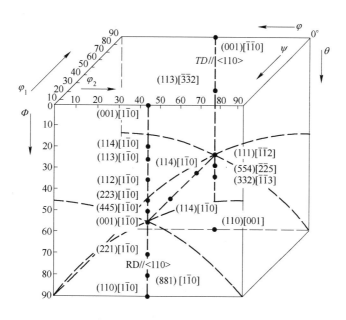

图 2-14 体心立方金属主要取向及取向线在 Euler 空间中的分布

ODF 既可用恒 ψ 截面图表示，也可以用恒 φ 截面图表示（Roe 符号系统）。恒 φ - ODF 截面图如图 2-15 所示，图中 φ 从 0°~90°，$\Delta\varphi = 5°$，共计 19 个截面绘在一起，其中用 $\varphi = 45°$ 截面图中就可以完全表示出 γ 纤维织构和 α 纤维织构的分布。在 $\varphi = 45°$ 截面图中，γ 纤维织构表示为 $\theta = 55°$，$\psi = 0°~90°$ 的直线，即当 ψ 由 0° 至 90° 时，织构为 $(\bar{1}11)[1\bar{1}2] \rightarrow (\bar{1}11)[0\bar{1}1] \rightarrow (\bar{1}11)[\bar{1}21] \rightarrow (\bar{1}11)[\bar{1}10]$；α 纤维织构以 $\psi = 90°$，$\theta = 0°~90°$ 直线表示，即当 θ 角在 0°~90° 范围变化时，相

$\varphi = 0°$	$\varphi = 5°$	$\varphi = 10°$	$\varphi = 15°$	$\varphi = 20°$
$\varphi = 25°$	$\varphi = 30°$	$\varphi = 35°$	$\varphi = 40°$	$\varphi = 45°$
$\varphi = 50°$	$\varphi = 55°$	$\varphi = 60°$	$\varphi = 65°$	$\varphi = 70°$
$\varphi = 75°$	$\varphi = 80°$	$\varphi = 85°$	$\varphi = 90°$	90° ψ θ 90°

图 2-15 恒 φ - ODF 截面图

应织构组分为 $(001)[\bar{1}10] \rightarrow (\bar{1}12)[1\bar{1}0] \rightarrow (\bar{1}11)[1\bar{1}0] \rightarrow (\bar{1}10)[\bar{1}10]$（如图 2-16 所示）。同样，当采用 Bunge 符号系统表示体心立方金属的织构时，通常也是采用恒 $\Phi = 45°$ 截面图表示的，两符号系统表示的（ODF）45° 截面图之间的对应关系如图 2-16 所示。本书采用的是 Roe 符号系统。

B 立方系金属在 Euler 空间中一些重要取向的类型及位置
立方系金属在 Euler 空间中一些重要取向的类型及位置如表 2-3 所示。

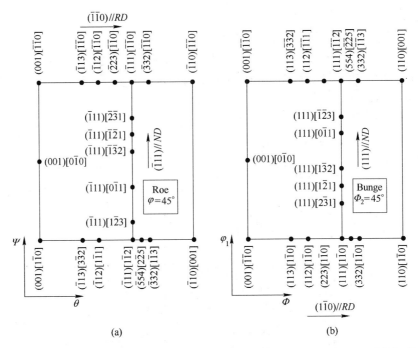

图 2-16 （a）体心立方金属 $\varphi = 45°$（Roe 系统）和（b）$\Phi_2 = 45°$（Bunge 系统）截面图

表 2-3 立方系金属在 Euler 空间中一些重要取向的类型及位置

织构名称	织构类型	Miller 指数	ψ, θ, φ	Φ_1, Φ, Φ_2
立方（Cube）	{001}<100>	(001)[100]	0°, 0°, 90°	90°, 90°, 90°
		(001)[010]	45°, 0°, 45°	45°, 0°, 45°
		(100)[010]	90°, 90°, 90°	0°, 0°, 0°
旋转立方 (Cube + ND90°)	{001}<110>	(001)[110]	0°, 0°, 45°	90°, 0°, 45°
		(100)[011]	45°, 90°, 0°	45°, 90°, 90°
		(010)[101]	45°, 90°, 90°	45°, 90°, 0°
铜织构（C）	{112}<111>	(112)[111]	C_1: 0°, 35°, 45°	90°, 55°, 45°
		(121)[111]	$C_{2/3}$: 50°, 65°, 63°	40°, 65°, 27°
黄铜织构（B）	{011}<211>	(110)[112]	B_1: 35°, 90°, 45°	55°, 0°, 45°
		(101)[121]	B_2: 55°, 45°, 0°	35°, 45°, 90°
		(011)[211]	B_3: 55°, 45°, 90°	35°, 45°, 0°
S 织构	{123}<634>	(213)[364]	S1: 30°, 37°, 27°	60°, 37°, 63°
		(213)[346]	S2: 37°, 74°, 56°	53°, 74°, 34°
		(132)[643]	S3: 62°, 68°, 72°	28°, 68°, 18°
退火 R/S 织构	{124}<211>	(214)[121]	33°, 29°, 27°	57°, 29°, 63°
		(241)[112]	33°, 77°, 63°	57°, 77°, 27°
		(142)[211]	63°, 67°, 76°	27°, 67°, 14°
Goss 织构	{011}<100>	(110)[001]	G1: 0°, 90°, 45°	90°, 90°, 45°
		(101)[010]	G2: 90°, 45°, 0°	0°, 45°, 90°
		(011)[100]	G3: 90°, 45°, 90°	0°, 45°, 0°

2.3 织构的测定方法

织构测定方法有多种，如金相蚀坑法、X 射线衍射法、中子衍射法等，后两法较为准确。但 X 射线源较中子源容易获得，故 X 射线衍射法应用广泛。

2.3.1 X 射线衍射测试分析 – 极图的测绘

利用 X 射线衍射仪测定极图的方法，按照对试样的扫测方式，极图的测绘分为透射法和反射法（Schulz 法）两类。因衍射几何关系，完整的极图需用反射法和透射法结合才能测得。由于衍射仪方位和探测器角度固定，为将晶粒在空间的取向分布记录下来，所用的织构测角仪可使试样转动 α 角和 β 角，每次当试样绕水平轴（反射法）或垂直轴（透射法）转过 5°（α 角）时，可得一衍射环，其强度变化反映了晶体的空间取向状况，为将衍射环的强度分布记录下来，试样需在自身平面内旋转 360°（β 角），使衍射环逐段扫过探测器狭缝。记录到的强度分布曲线经强度分级后，按极网画出，连出等极密度线（等强线），便形成极图。最常用的反射法是舒尔茨（Schulz）法[31]，透射法则用 Decker 法[32]。为有足够辐射强度，测织构时常用方焦点。

2.3.1.1 反射法

反射法以 Schulz 法应用最广，该法使用板状试样，在专用的织构测角仪上扫测。

A　实验原理

反射法使用平板试样，试样表面法线位于入射线和反射线的中分平面内，且在试样附近装一水平狭缝，把入射光束照射的试样部位限制在水平轴线附近一狭窄区，以减少散焦。试样绕水平轴转 α 角，被照射体积不变，故反射强度不变，但试样倾斜、产生散焦效应，$\alpha = -90° \sim -30°$ 范围散焦较小，可大致认为强度不变无须散焦校正。试样绕自身平面法线的转动，称为 β 角。反射法衍射几何如图 2–17 所示，衍射仪轴垂直向上，试样扫测的初始位置的定义为，试样平面处于水平位置时，$\alpha = 0°$，轧向 RD 与水平轴线 AA′ 左方重合时 $\beta = 0°$。从前面看试样绕自身平面法线和从右看试样绕 AA′ 轴的顺时针转动时转角为正。反射晶面法线 ON 始终在入射线与反射线平面内并平分其夹角。在图 2–17 中试样处于 $\alpha = -90°$、$\beta = +90°$ 位置，反射晶面法线投影于极网中心。α 每转过 5° 或 10°，β 扫一圆周。试样绕 AA′ 轴顺时针转过 α 角，相当于反射晶面法线从极网中心向相反方向（向下）沿半径扫过 α 角；试样绕自身平面法线顺时针转过 β 角，相当于反射晶面法线沿一纬度圆反时针扫过 β 角；当 α 角与 β 角同时转动，相当于反射晶面法线沿极网上一螺旋线扫描，螺旋线走向与 β 角转动方向相反。

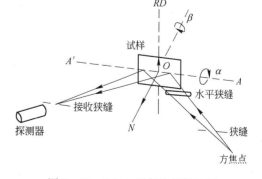

图 2–17　Schulz 反射法衍射几何

试样绕水平轴 AA′ 顺时针转动时，试样的下半部和上半部分别向前后倾斜位移，它们的衍射线分别偏向接收狭缝的低角侧和高角侧，此即为散焦效应。减小散焦效应的办法是在距试样不远处放置一狭窄的水平狭缝，使试样被照射面积局限在沿 AA' 轴的窄条区内，这样，试样转过 α 角而产生的倾斜位移便显著减小，在相当大的 α 角范围内所测强度基本保持不变而无须校正。如西门子公司的织构测角仪，在试样前面约 30mm 处装有一宽约 0.5mm 的水平狭缝，可保证 α 角在 $-90° \sim -30°$ 或稍大点范围内，所测反射强度基本不变，$\alpha = 20°$ 时，强度下降不超过 10%。计算法或标样对比法均可用于强度校正，接收狭缝的宽度应大得足以接收变宽的线条。但当 $\alpha > -15°$ 时，散焦严重，强度迅速下降，用标样亦难作散焦校正。故使用通常的平板试样，反射法只能测极图中心（$\alpha = -90° \sim -20°$）部分，极图外圈部分的测定则应使用透射法。反射法不受 θ_{hkl} 的限制，扫测 α 角范围为 $-90° \sim -20°$，甚至 $-15°$。在测得每一 α 的全部 $\theta_{hkl}(\alpha, \beta)$ 后，也需要将探测器从 $2\theta_{hkl}$ 位置移开少许，测出两边的背底至并予以平均，以便从 $\theta_{hkl}(\alpha, \beta)$ 中扣除掉。

但反射法扫测角度范围宽，制作方便，若选得合适晶面，往往只需测反射区极图即可基本判定织构。也可仅用反射区数据计算 ODF。用 Lopata - Kula 组合样及对称关系，可测完整极图。反射法制样简单，扫测范围宽，便于测表层织构和逐层测试，结果较准确，数据处理简便，故被广泛应用。

B　反射法的试样与标样的要求与制备

虽然反射区在较大角度范围内强度无须校正，但常通过选择适当的 hkl 反射晶面和扩大反射区，以便仅测绘反射区极图即可判定织构，故反射法也常使用标样，一是对比测量可作散焦及其他误差校正，扩大反射区测量角度范围；二是若使用透射法和反射法结合测绘完整极图时，常使用反射区标样强度作基础，通过重叠区衔接和吸收校正，转换透射区标样强度；三是使用标样强度分级比用任意单位强度分级更能显示出试样择优取向偏离混乱状态的程度。

金属无织构标样，粉末粒度要适宜，在 $1 \sim 5\mu m$ 左右为最佳，通常使用过筛 325 目（0.043mm）、成分与待测试样相同或接近的等轴状的金属粉末经压制成型即可或再经烧结（在真空或氩气中）而成。对纯铁而言，可用纯铁粉或还原铁粉在不大于 150MPa 压力下轻压成型即可成反射标样，或可在 $780 \sim 800℃$ 真空或氩气中烧结 3h，使之更致密和便于加工。烧结后在三个相互垂直的截面上摄取衍射花样，若均无强度的织构起伏，表明其为混乱取向可作标样。另一制法是将该材料粉末与稀释的加拿大树胶均匀混合，用喷雾器均匀喷在较厚的纸上，每次喷得要薄，不能滴流，不同 μt（μ 为线吸收系数，t 为样品厚度）值的标样，可喷不同次数制得，干后从纸上剥下，此类标样密度较小背底较高。第三种制法是对有固态相变的金属薄板，可通过多次加热冷却，使其反复相变，控制其晶粒度和消除织构而制成标样。若粉末不呈等轴状或压力过大，在制作的标样中会出现织构。因此，高质量标样的制作并非易事，需要反复尝试。

在反射法中射线无须穿透试样，故对试样厚度无严格要求，使制作简便易行。实际试样为有限厚，故通常要求入射 X 射线束穿透试样而致的强度损失可忽略不计。若试样底面的 hkl 晶面反射强度 ΔI_b 与试样表面的 hkl 晶面反射强度 ΔI_0 之比 $\Delta I_b / \Delta I_0 \leqslant 1/1000$，则可认为试样基本满足无限厚要求，据此导出 $e^{-2\mu t/\sin\theta} \leqslant 1/1000$，算出 μt 应 $\geqslant 3.46\sin\theta$。对不同材料，若线吸收系数 μ 已知，选好反射晶面 hkl（即 θ 角也确定），即可算出厚度 t。例如对 $\alpha - Fe$ 和 MoK_α 辐射，$\mu = 303cm^{-1}$，与反射晶面（110）、（200）、（112）相应的 μt 值分别为 $\geqslant 0.6$、$\geqslant 0.9$、$\geqslant 1.05$，相应的试样厚度 t 分别为 $\geqslant 0.019mm$、$\geqslant 0.029mm$、

≥0.034mm，故试样厚度≥0.034mm 即可满足上述要求。标样密度小时，厚度需大些。

如果待测的金属试样需要减薄或去除表面层，则经磨削后必须深度酸蚀以除去磨削造成的表面应变层。制样时用机械研磨、电解减薄或化学腐蚀交替使用的方法，使试样减薄磨平，操作时不能使用试样过热或塑性变形，不能产生麻坑、翘曲，最后用化学腐蚀或电解抛光至最终厚度，以去掉加工干扰层，制备好的试样应有一平坦的表面。不过也应指出，对于低原子序数金属，如铝，由于吸收系数很小，试样表面质量对测试结果无明显影响。

试样晶粒不能过大，若要求统计偏差为 5%，则需有 400 个晶粒参与衍射[33]。对于典型的接收狭缝宽度，其对应立体角的数量级约为 $4\pi/(2\times10^4)$，对重复因子为 6 的反射晶面衍射，被检测表面须包含 $400\times2\times10^4/6$ 个，即 10^6 数量级的晶粒数目，如被检测表面为 $1cm^2$，则晶粒大小应为 ASTM 标准 10 号或更小。

C　测角仪扫测方式及试验参数选择

测角仪的探测器扫测时，通常有连续扫测、步进扫测、变数步进扫测和 $\theta-\theta$ 扫描四种。

a　连续扫描

将计数器与计数率仪相连接，在选定的 2θ 范围内，从某一 $2\theta_1$ 角度开始，在 θ 与 2θ 耦合成 1:2 的条件下，探测器以一定的扫测速度与样品（台）联动，扫描测量各衍射角相应的衍射强度，直至终止角 $2\theta_2$，结果获得 $I-2\theta$ 曲线。采用连续扫描可在较快速度下获得一幅完整连续的衍射图。这种方式应用相当普遍，如物相分析等。连续扫描的测量精度受到扫描速度和时间常数的影响，故需要根据试样和测定要求，选作起始角、终止角、扫测速度、时间和计数率等。

b　步进扫描

常用于精确测定衍射峰的积分强度、位置，或提供线性分析所需的数据。将计数器与定标器相连，计数器首先固定在起始角 2θ 位置，按照预先给定每一步的 2θ 角度间隔（$\Delta2\theta$ 即步长）和每一步停留的测量时间 Δt 来测定衍射强度（定时计数），或者给定每一步的计时 ΔN 来测定所需时间（定数计时），获得平均计数率即为该 2θ 处的衍射强度；然后将计数管按预先设定的步进宽度（角度间隔）和步进时间（行进一步宽度所用时间）转动，每转动一个角度间隔重复一次上次测量，逐点测量各 2θ 角对应的衍射强度（每点的总脉冲数除以计数时间）。步进扫描测量精度高，但较费时，通常只用于测定 2θ 范围不大的一段衍射，适于做各种定量分析。步长和步进时间是决定测量精度的重要参数，故要合理地选定。实际操作时，在每个 2θ 位置要停留足够的时间，以克服脉冲数的统计起伏[34,35]。

c　变数步进扫描

就是在背底区以快速（Δt 小）和较大步长进行扫测，而在衍射峰区则作慢速（Δt 大）和小步长扫描，以提高测量精度和效率。

d　$\theta-\theta$ 扫描

该法主要用于液态试样、溶解试样或松散粉末试样，使其保持在水平位置，而由 X 射线管和探测器同时反方向作 θ 扫动来完成扫测。

试验参数的选择对于试验结果非常重要，如果试验参数选择不当不仅不能获得好的试验结果，甚至可能将试验引入歧途。衍射仪测量只有在仪器经过精心调整，并恰当选择试验参数之后，方能获得满意的结果。

选择阳极靶材和滤波片是获得一张清晰衍射花样的前提。根据被测材料能否被激发荧光、穿透能力、衍射角度以及线条分离度等因素选用 X 射线源。根据吸收规律，所选择的阳极靶材产生的 X 射线不会被试样强烈地吸收，即 $Z_靶 \leqslant Z_样$ 或 $Z_靶 \gg Z_样$。滤波片的选择是为了获得单色光，避免多色光产生的多余的衍射线条。试验时通常仅用靶材产生的 K_α 线照射样品，因此必须滤掉 K_β 等其他特征线。滤波片的选择根据阳极靶材确定。选择某种元素，其 K 吸收限刚好处于入射线的 K_α 与 K_β 线波长之间，于是 K_β 线及部分连续辐射就被强烈吸收，从而获得接近单色的 K_α 辐射。在确定了阳极靶材后，选择滤波片的原则是：当 $Z_靶 \leqslant 40$ 时，$Z_滤 = Z_靶 - 1$；当 $Z_靶 \geqslant 40$ 时，$Z_滤 = Z_靶 - 2$。如 Mo 靶应采用 Zr 作为滤波片。获得单色光的方法除了滤波片以外，还可以采用单色器。单色器实际上是具有一定晶面间距的晶体，通过恰当的面间距选择和机构设计，可以使 X 射线中仅 K_α 产生衍射，其他射线全部被散射或吸收掉。在只测绘反射区极图时，有时为获得较大的角分离度，可选用铁、钴、镍、铜等的射线，K_β 线可用滤波片滤去。或用接收狭缝前的石墨晶体单色器把 K_β 连同荧光辐射一并滤去，这样铁试样也可用 CuK_α 辐射来测量。

试验中还需要选择 X 射线管的电压和电流。阳极靶材的 K 系特征谱出现的最低电压称为该元素的 K 系临界激发电压。通常管电压为阳极靶材临界激发电压的 3 ~ 5 倍，此时特征谱与连续谱的强度比可以达到最佳值。管电流可以尽量选大，但电流不能超过额定功率下的最大值。

在衍射仪中有梭拉狭缝、发散狭缝、防散射狭缝和接收狭缝，其中梭拉狭缝是固定不变的，可以选择的只有后三种狭缝。发散狭缝决定照射面积，选择原则是不让 X 射线照射区超出试样外，尽可能用大的发散狭缝。这样照射面积大，X 射线强度高。由于低 2θ 角时照射区域大，所以选择狭缝宽度应以低 2θ 角照射区为基准。防散射狭缝与接收狭缝应同步选择。选择宽的狭缝可以获得高 X 射线衍射强度，但分辨率要低；若希望分辨率高则应选择小的狭缝宽度，一般情况下，只要衍射强度足够，应尽量地选择较小的狭缝。可参考下列限制来选择狭缝：入射光束水平发散角度限制在 1° ~ 3°，入射光束垂直发散角限制在 0.2°，接收狭缝限制在相当于 2θ 角的 1°左右。

选择时间常数值大，可以使衍射线的背底变得平滑，但将降低分辨率和强度，衍射峰也将向扫描方向偏移，造成衍射峰的不对称宽化。因此，要提高测量精度应该选择小的时间常数。通常选择时间常数值小于或等于接收狭缝的时间宽度（狭缝转过自身宽度所需时间）的 1/2。但过低的时间常数将使背底波动加剧，从而使弱线难以识别。这样的选择可以获得高分辨率的衍射峰形。

扫描速度是指探测器在测角仪圆周上均匀转动的角速度，以（°）/min 表示。扫描速度对衍射结果的影响与时间常数类似。扫描速度快，可以节约测试时间，但导致衍射强度和分辨率下降，衍射峰向扫描方向偏移并引起衍射峰的不对称宽化，一些弱峰会被掩盖而丢失。但过低的扫描速度也是不现实的，那将大大增加测试时间。

D 数据处理与极图的绘制

反射法有两种扫测方式：同心圆扫测和螺旋线扫测。同心圆扫测是试样每转过 α 角后，试样绕自身平面法线转 β 角。而螺旋线扫测是试样的 α 角与 β 角同样转动，通常是 α

角转5°时 β 角同时转过360°，试样与标准样均在相同条件下扫测，记录强度分布曲线。

在衍射角 2θ 处，所测强度包括了 hkl 反射强度和背底。为确定背底，把探测器向 hkl 峰位 2θ 两侧移1°～2°，将所测得的高、低角背底求平均值作为 2θ 角处的背底。若是标样，扣除背底后，便可得到无织构时 hkl 衍射线在 α、β 角时的1级强度，可用它对相同条件下的待测试样的强度分布曲线进行强度分级。20世纪80年代以前，这些强度分布曲线均记录在纸带上，其强度分级及转画成极图的过程清晰可见。20世纪80年代以来，多使用电子计算机及绘图仪测绘极图。所测强度数据存入磁盘，强度分级及其交点的 α、β 角坐标转画到极图上的过程已难于形象地看见。图2-18是用同心圆或用螺旋线扫测方式扫测的 hkl 反射的部分强度分布曲线、背底及其扣除以及用标样1级强度进行强度分级情况。每一级的强度分级线与待测试样相应角度下的强度分布曲线均有若干交点，将这些交点位置的 α 和 β 角值转画到覆盖在极网上的标明了轧向横向的透明纸上的相应角度位置上，不同强度级别用不同颜色铅笔标明其范围（从高强度级别开始，画起来更方便些），如图2-19（a）所示，将所有强度曲线转画完后，联结等强点形成等强线（等极密度线），用另张纸描下透明纸上的投影大圆和等强线，标明强度级别和轧向、横向便得到如图2-19（b）所示的（hkl）的反射区极图。

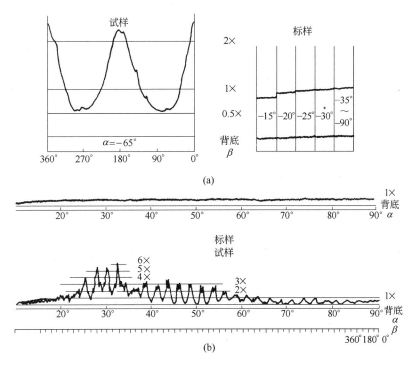

(a)

(b)

图2-18 沿同心圆或螺旋线扫测的强度分布曲线及其分级情况
(a) 沿同心圆；(b) 沿螺旋线

实际上，扣除背底后的 hkl 晶面反射强度 $I(\alpha, \beta)$ 与试样相应角度的极密度 $q(\alpha, \beta)$ 间有一正比系数 $C(\alpha)$，即

$$q(\alpha,\beta) = C(\alpha)I(\alpha,\beta)$$

若用厚度、成分、试验条件均与试样相同的标样，测得的各 α 角的并扣除背底后的

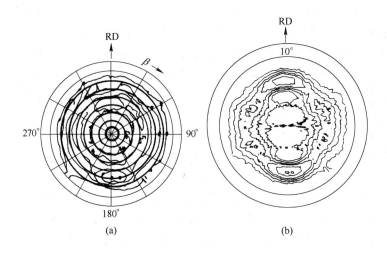

(a)　　　　　　　　　(b)

图 2 - 19　反射区极图的绘制

(a) 从强度曲线交点转化到极网上；(b) 反射区极图

hkl 晶面反射强度 $I_{标}(\alpha)$ 代入上式，可求得各 α 角的 $C(\alpha) = 1/I_{标}(\alpha)$。在计算 ODF 和一些其他情况下，需逐点计算出 $q(\alpha, \beta)$，而通常极图只需用标样 1 级强度作尺子进行强度分级和作图即可。

反射区极图常可测 $-90° \sim -20°$ 范围，如选用合适 hkl，仅作反射区极图，而无须作完整极图，即可用以判定织构。如低碳冷轧汽车薄板再结晶织构 ｛111｝<112> 及 ｛111｝<110> 其标准 ｛100｝ 极点均处于反射区极图范围内（图 2 - 19 (b)），故只需测绘 (200) 极图的反射区即可。

2.3.1.2　透射法

A　试验原理

透射法适用于薄试样或箔片，试样做成 $0.03 \sim 0.1mm$ 厚的薄片，按照在测角台的专用试样架上，试样表面与测角仪轴贴合，试样能够绕衍射仪轴和自身表面法线转动，绕衍射仪轴的转动称为试样的 α 转动，绕试样自身表面法线的转动，称为试样的 β 转动。在各 α 角测得的 hkl 晶面的反射强度（因射线穿过试样路径长短不同）需经吸收校正后方可用以绘制极图的外圈部分。Decker、Asp 和 Harker[36] 最先提出透射法，其衍射几何如图 2 -

20 所示，探测器 D 固定在 2θ 角位置上不动，试样平面平分入射线与反射线间夹角时，$\alpha = 0°$。沿衍射仪轴往下看，试样逆时针转动时，α 角为正值，顺入射 X 射线束看去，β 角顺时针转动时为正，试样轧向与衍射仪轴重合时 $\beta = 0°$。α 改变时相当于沿极网上的半径由圆周向圆心扫描，β 转动相当于沿纬度小圆扫描。在透射法的衍射几何中，当 α 角变化时，X 射线射入和穿出透射试样的路径长短（即吸

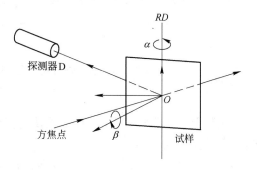

图 2 - 20　透射法衍射几何

收）有所改变，须经吸收校正后，各 α 角下的强度才能相互比较。吸收校正系数 $R_{\pm\alpha}$ 可按 Decker 等人给出的下式进行计算：

$$R_\alpha = \frac{I_\alpha}{I_{\alpha=0^\circ}} = \frac{\cos\theta\left[\,\mathrm{e}^{-\mu t/\cos(\theta+\alpha)} - \mathrm{e}^{-\mu t/\cos(\theta-\alpha)}\,\right]}{\mu t\mathrm{e}^{-\mu t/\cos\theta}\left[\dfrac{\cos(\theta+\alpha)}{\cos(\theta-\alpha)} - 1\right]}$$

也可用此式算出不同 α 角和 μt 值时的 I_α/I_0 值作出曲线，使用方便。μ 是试样的线吸收系数，t 是试样的厚度，I_0 是 $\alpha=0^\circ$ 时的衍射强度。

另一种校正法是使用无织构标样，在同样试验条件下获得的强度加以比较，进行校正。透射法一般可测 $0^\circ \sim \theta$ 角度范围，但在给定 μt 和 θ 的条件下，一般最好在 $I_\alpha/I_0 > 0.5$ 的 α 角区域内运用透射法。

B 标样和试样的制备及要求

标样的选材制作方法与反射法相同，只是透射法要求制作厚薄均匀且可获得最大衍射强度的薄试样，要求 $\mathrm{d}I_0/\mathrm{d}t = 0$ 即 $\mu t = \cos\theta$。

对于 α - Fe 试样及 MoK_α 辐射，当 hkl 晶面分别为 （110）、（200）、（112）时，相应 μt 值分别为 0.98、0.97、0.95。试样厚度 t 差别不大，均为 0.032mm 左右。若同时还把它用作反射试样，则试样厚度 t 应为 0.035～0.04mm。但现代织构测角仪所用试样面积多在 $3.8 \sim 6.8\mathrm{cm}^2$ 之间，磨制这么大面积的不变形的厚薄均匀的标样及试样是极为困难和费时的，一般磨制成 0.06～0.08mm 厚的铁试样，同时可用于透射和反射测量。

制作透射标样及试样费时费事，因此当制得合适 μt_1 值的透射标样后，在实验条件不变时，可用它在 $\alpha=0^\circ$ 时测得的 1 级强度 I_1 算出具有 μt_2 值的标样在 $\alpha=0^\circ$ 时的 1 级强度 I_2：

$$I_1 = (K\mu t_1/\mu\cos\theta)\exp(-\mu t_1/\cos\theta) \tag{2-10}$$

式中，K 为与衍射仪工作条件和原子平面衍射能力有关的系数。

$$I_2 = (K\mu t_2/\mu\cos\theta)\exp(-\mu t_2/\cos\theta) \tag{2-11}$$

两式相除得

$$\frac{I_2}{I_1} = \frac{\mu t_2}{\mu t_1}\exp\left(\frac{\mu t_1 - \mu t_2}{\cos\theta}\right) \tag{2-12}$$

有时将 I_2/I_1 写成 K_t，并称之为厚度修正比例系数。

再按式（2-9）求出各 α 角的 1 级强度，这可节省制作 μt_2 值标样的大量时间。

透射试样亦要求试样平直，晶粒大小及研磨后试样处理均与反射法试样相同，制样时不能变形和改变试样状态。

C 测试条件的选择及 μt 值的测定

测试条件的选择与反射法相同，只是狭缝系统有所不同，透射法中入射光束水平发散角限制为 0.5°，而垂直发散角限制在 1°，而接收狭缝限制为相当于 2θ 角的 1° 左右。织构测角仪应满足 Decker 透射法要求，通常织构测角仪均可满足要求。

样品 μt 值的测定：在织构测角仪试样架上放上石英片或其他强反射晶体，反射所选靶的 K_α 辐射作检测光束。可用定时计数法，即在给定时间内在探测器前放与未放（垂直于射线）样品时的计数 $I_{\mu t}$ 和 I_0，每块样品测 10 点以上，每点测 3 次求平均值，然后用 $I_{\mu t}/I_0 = \mathrm{e}^{-\mu t}$ 算出 μt 值。也可给一定值（如 $10^4 \sim 10^5$ 个脉冲计数），测定在探测器前放与未放试样时达到此数值所需时间 T 与 T_0，按 $T_0/T = e^{-\mu t}$ 算出 μt 值。

运用标准样作透射法强度吸收校正时，其 μt 值应与待测试样的 μt 值相同。如不相同，减薄厚者至 μt 值相同，或者应用厚度修正比例系数 K_t（式 2 – 12）及 $R_{\pm\alpha}$ 吸收校正系数。

D   透射区极图的绘制

透射法的强度测量与反射法相似。在强度分级之前需作吸收校正，方法有两种，一种方法是直接用相同 μt 值标准样，在相同 α 角及相同测试条件下，测得 hkl 反射扣除背底后的一级强度，作为相应 α 角的试样 hkl 强度曲线分级的尺子，进行正比例分级，这种直接对比便作了吸收校正。另一种方法是将标样在 $\alpha = 0°$ 时测得的 1 级强度乘以 $R_{\pm\alpha}$ 校正因子，便得到各 α 角的 1 级强度作为 α 角时的强度分级尺子。hkl 反射强度 $I(\alpha, \beta)$ 与该点极密度 $q(\alpha, \beta)$ 之间只差一个因子 $C(\alpha)$。除在计算 ODF 等情况下需逐点计算 $q(\alpha, \beta)$ 外，通常直接用标样 1 级强度对试样相应 α 角的强度分布曲线进行分级，将其交点的 α、β 角值转绘到极网上而绘出极图。

透射区测绘的是极图外圈部分，其强度分级及极图绘制方法与反射法相似，如图 2 – 21 所示。

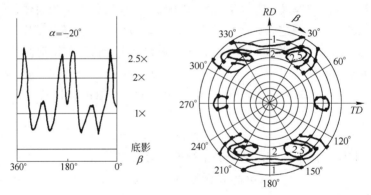

图 2 – 21   透射区强度分级及极图绘制

2.3.1.3   完整极图的绘制

A   透射反射重叠区强度的统一衔接

仅用透射法或反射法测得的部分极图，并不总能满足需要。而用同一试样测绘完整极图时，反射区与透射区常有 $\alpha = 5°$ 的重叠区，以便强度衔接统一。重叠区内透射与反射强度不同，衔接统一方法有两种：一种是使用标样；另一种是不用标样，而计算强度衔接统一系数 K_H。

重叠区内，同一标样透射与反射的 1 级强度值 I_t 和 I_r 不一定相同，可以反射区强度为准，将透射区强度统一衔接起来，以 I_r/I_t 值去乘透射区各 α 角度下标样 1 级强度，即得各 α 角度下经统一衔接后透射区标样的 1 级强度。或者以透射区强度为准，将反射区强度统一衔接起来，以 I_t/I_r 值去乘反射区各 α 角度下的标样 1 级强度，即可得统一衔接后反射区标样的 1 级强度。通常多用反射区强度为准，将透射区强度统一起来，将统一衔接后的标准 1 级强度用于相应 α 角度下待测试样强度分布曲线的强度分级。

另一方法是不用标样，而用待测试样在透、反射区的强度，计算出统一衔接系数 K_H，将透射区强度乘上 K_H，可实现与反射区强度的统一衔接。设透射区某一 hkl 反射线强度经扣除背底和作吸收校正后在 i 点强度为 $I_t(\alpha, \beta_i)$，反射区同一 hkl 反射线强度经扣除背底和作散焦校正后，强度为 $I_t(\alpha, \beta_i)$，在 α_H 角的衔接圆上，它们的强度会有差别，令其差别

$$T = \sum_{i=1}^{n} \left[K_H I_t(\alpha_H, \beta_i) - I_r(\alpha_H, \beta_i)^2 \right]$$

最小，并用最小二乘法求出 K_H：

$$K_H = \frac{\sum\limits_{i=1}^{n} I_t(\alpha_H, \beta_i) I_r(\alpha_H, \beta_i)}{\sum\limits_{i=1}^{n} \left[I_t(\alpha_H, \beta_i) \right]^2} \qquad (2-13)$$

式中，$I_t(\alpha_H, \beta_i)$ 和 $I_r(\alpha_H, \beta_i)$ 分别为透射、反射法在 α_H 角重叠衔接圆上第 i 点的 hkl 反射强度。因轧板的轧向 RD、横向 TD 和法向 ND 分别与直角参考坐标系 $OABC$ 的 OA、OB、OC 重合，反射晶面法线相对于 $OABC$ 的极角 χ 及辐角 η 在此处可认为分别与 α，β 有对应关系。

统一衔接后的 hkl 晶面反射强度值 $I_{hkl}(\alpha, \beta)$ 与极密度 $q_{hkl}(\alpha, \beta)$ 仅相差归一化因数 N_{hkl}：

$$N_{hkl} = \frac{1}{\int_0^{2\pi} \int_0^{\pi} I_{hkl}(\alpha, \beta) \sin\alpha \mathrm{d}\alpha \mathrm{d}\beta} \qquad (2-14)$$

由上述可见使用标样或不用标样而用式（2-13）和式（2-14）均可实现透射、反射区强度的统一衔接，进而强度分级并绘出完整极图。完整极图绘制手续与反射区透射区极图绘制手续相似，不同的是要采用反射区和透射区统一衔接后的强度进行分级，且极图范围包括了反射区及透射区，即整个极图。hkl 极图仅反映了 hkl 晶面法线的空间取向分布，而完全不包含其他晶面的取向分布。这一概念在利用极图和单晶标准投影图来判定试样中存在的织构时是必要的。

B 用组合试样测定完整极图

某些充分退火后的板材中，如果沿厚度方向织构变化不大，且织构又具有对称性，则可以用组合试样和反射法测绘完整极图，因最大扫测范围为 54.73°，故无须作强度散焦校正。

轧制板材中，晶粒取向分布可存在以垂直轧向、横向等的平面作对称面而分布的情况。Lopata 和 Kula[37] 考虑到这点，采用片状试样做成组合试样，绘制了第 I 象限极图，通过垂直轧向与横向的对称面的对称而得到全极图。制样方法是将片状试样标明轧向、横向，然后沿这两个方向剪切成正方形试片，将这些方形试片粘叠成一立方体。粘叠时轧向对齐轧向，横向对齐横向，然后按图 2-22 所示那样沿立方体三个顶点切取平板试样，在平面 A 点作顶角平分线，此即为 β 角计算起点的位置，装样时把它当作轧向看待。被测表面法线在极网上处于极角为 54.73°、辐角为 45° 的位置 O'，它与 A、B、C 之间夹角均为 54.73°，如图 2-22（b）所示。所测点 N 相对于 O' 的坐标 χ' 和 η' 与相对于 O 的坐标 χ 和 η 间的关系为

$$\cos\chi' = \cos 54.73°\cos\chi + \sin 54.73°\sin\chi\cos(45° - \eta)$$

$$\cos\eta' = (\sin\chi\cos\eta - \cos 54.73°\cos\chi')/\sin 54.73°\sin\chi'$$

以 $\tan\chi\sin\eta$ 值作为 η' 取值判据，若此乘积大于 1，则 $\eta' \le 180°$。

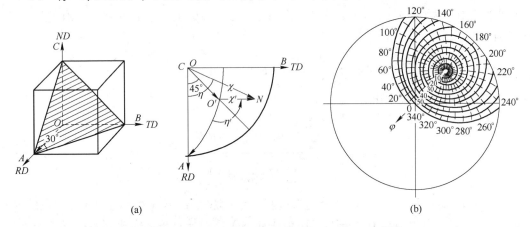

图 2 - 22 Lopata - Kula 组合样制样法和所用极网[15]

2.3.1.4 织构的判定

将已画好（hkl）极图的透明纸叠在以同一晶系单晶各种晶面为投影面的同尺寸的标准投影图上，极图中心对准标准投影图中心（例如，中心点为（001）晶面的极点）。在纸平面内转动极图，使极密度高的区域对准标准投影图上的 {hkl} 极点（并考虑晶系的对称关系），查看这时极图上的轧向对准单晶标准投影图上的哪个极点（例如为（110）极点），则说明试样内存在有（001）[110] 这种板织构。将极图轧向调转 180°，再对单晶标准投影，可找出全部极密度最大区，若极图上还剩下有极密度极大值区域未被对上，则说明还有其他的织构存在，继续用尝试法重复上述步骤定出其他的织构。若标准投影图上的极点，落入极图空白区，则不存在这类织构。由于极图是晶体三维空间分布的二维投影，因此在定出织构时，要注意是否有错判。这可选取同一试样的另一衍射线（$h_2k_2l_2$），重复上述各种实验手续，画出（$h_2k_2l_2$）极图，依上述尝试法定出织构。如果用（hkl）极图所定出的织构与用（$h_2k_2l_2$）极图所定出织构相同，则表明所定出织构是正确的。

2.3.2 中子衍射织构分析

根据近代物理学的观点，一切微观粒子都具有波粒二象性，中子也具有波粒二象性。从反应堆引出的中子，其波长在 0.1nm 左右。这个波长和一般物质中原子之间的距离相当，因此它可以用来量度原子的占位位置。而这种波长的中子，其运动能量又和原子的振动、分子旋转等运动状态的能量相当，所以它又可以用作揭示原子、分子运动状态的工具。因此，中子不但可以告诉我们"原子在哪里"，还可以告诉我们"原子在做什么"，能同时提供这两方面信息的只有中子。随着反应堆的出现，科学家开始从反应堆中引出较强的中子束流探索物质结构。

利用中子测定物质微观结构的实验方法称为中子散射（neutron scattering）或中子散射技术。就是利用中子与声子的非弹性散射来确定晶格振动色散关系的一种实验方法。入射中子束与晶格振动的非弹性散射,可看成是吸收或发射了声子。由于中子的能量(约为 0.02 ~ 0.04eV)与声子的能量同数量级,而且中子的 De Broglie 波长(约为 $2 \times 10^{-8} \sim 3 \times 10^{-8}$cm)也与晶格常数同数量级,所以采用中子束的非弹性散射方法来确定晶格振动谱是较好的一种技术。中子衍射用于晶体结构的分析比 X 射线衍射和电子衍射要晚,这是由于中子衍射要求使用从反应堆中得到的热中子流。随着核反应堆的建立和中子衍射技术的出现,人们越来越多地利用中子衍射来研究晶体结构[38,39]。同 X 射线与电子衍射术一样,中子衍射亦为材料科学的微观组织、结构研究的重要工具。一般来说,电子衍射适用于试样微区结构的研究,而 X 射线则以测量数据准确,结果具有宏观统计意义见长。

与 X 射线衍射和电子衍射相似,布拉格公式也适用于中子衍射。但中子与物质中原子的相互作用有其特点:

(1)当 X 射线或电子流与物质相遇产生散射时,主要是以原子中的电子作为散射中心,因而散射本领随物质的原子序数的增加而增加,并随衍射角的增加而降低。中子流不带电,与物质相遇时,主要与原子核相互作用,产生各向同性的散射,且散射本领和物质的原子序数无一定的关系。轻重元素对中子的散射本领远大于 X 射线,对轻元素较为灵敏,故中子衍射可以较易识别轻元素在晶胞中的占位,同时具有能区分多数同位素。

(2)中子具有磁矩,是研究物质磁结构的理想工具。中子的磁矩和原子磁矩(即电子和原子核的自旋磁矩和轨道磁矩的总和)有相互作用,其散射振幅随原子磁矩的大小和取向而变化。中子散射问世后,人类对物质磁性的观测深入到了微观层次。中子是直接观察材料磁通晶格的唯一工具,没有中子散射对物质微观磁结构的研究,近代磁学理论就不可能达到今天的水平。

(3)中子有较高的穿透能力,可达几毫米至几十毫米,故试样可以较大,以便使结果更富于统计性,并可探索材料内某一局域的结构。因此可以用中子散射技术检验金属内部的缺陷和残余应力,这是目前唯一的无损检测材料残余应力的方法。中子的高穿透性被广泛用于检测金属机械部件内部的空洞、颗粒等影响部件寿命和安全的因素。

由于中子不带电、具有磁矩、穿透性强,能分辨轻元素、同位素和近邻元素以及非破坏性,使得中子散射技术在物理、化学、生命科学、材料科学以及工业应用等领域发挥着不可替代的作用并不断得到应用,成为衡量一个国家科技能力的标志之一。1994 年,诺贝尔物理学奖金一半授予加拿大科学家布罗克豪斯,以表彰他发展了中子谱学;另一半授予美国科学家沙尔,以表彰他发展了中子衍射技术。

我国的中子散射事业起步于 20 世纪 60 年代,发展于 80 年代。目前,我国只有中国原子能科学研究院有条件从事中子散射研究。原子能科学研究院拥有一座 15MW 的重水研究堆。从 20 世纪 60 年代开始,重水反应堆水平孔道旁就陆续兴建了一批中子散射用设备。自 20 世纪 80 年代开始,由中国原子能科学研究院与中国科学院物理所、低温中心等单位合作,在原子能科学研究院重水堆上建设了中子散射实验室。

中子衍射和 X 射线、电子衍射能相互补充。在金属研究中,中子衍射的最主要的应用领域为下列三个方面:

(1)含有重原子的化合物中轻原子的位置的测定 当某种化合物中含有原子序数很大的重元素(如钨、金、铅等)及原子序数小的轻元素(如氢、锂、碳等)时,利用 X 射线或电子衍射测定其晶体结构比较困难,因为这时重元素的电子多,散射本领比轻元素的散射本领要高出许多，以致轻元素在晶胞中的位置很难确定。中子衍射可以成功地解决这一问题。例如，利用中子衍射，测定出锆、铪、钛等的氢化物中氢原子单个地处在四面体间隙中；还测定出碳原子在含锰的奥氏体中处于八面体间隙位置上。

（2）原子序数相近的原子相对位置的确定，例如，Fe - Co 合金在有序无序转变时，其 X 射线衍射图上应该出现超点阵线条；但由于这两种元素的原子序数相近，它们对 X 射线及电子波的散射本领也很相近，使超点阵线条难以分辨。若采用中子衍射，超点阵线条就清晰得多。

（3）铁磁、反铁磁和顺磁物质的研究。根据磁散射的强度可以判定原子磁矩的数值，借以测定磁的超结构。

中子衍射实验方法由准直管从反应堆中引出热中子流，先用晶体反射使之单色化，再照射到几毫米厚的试样上，中子衍射的衍射线位置及强度可以利用盖革（或正比）计数管进行测量、记录。计数管中通常充以含大量 10B 的 BF3 气体，以提高捕获中子的效率。

中子散射原理是，当一束能量单一的中子投射到样品上，其中总会有一部分中子和样品中的原子“碰撞”而改变了行进的方向，有些还改变了能量。只要测出散射中子，即受到碰撞而改变方向的中子在不同方向的分布以及它们的速度分布，就能判定出样品中原子的占位分布和运动状态，从而获得样品物质的结构知识。恰当的波长和能量以及一些特性，使中子成为研究物质微观结构的理想工具。

A 中子用散射波

中子衍射所需要的中子源一般为中子反应堆或蜕变中子源。中子反应堆是利用^{235}U 或^{239}Pu 作为核燃料发生裂变反应产生大量中子，将其导入各种散射装置。反应堆主要由燃料包、控制棒、减速剂及屏蔽材料组成。通过减速剂温度的调节可以控制反应堆中子波长分布。蜕变中子源是利用高能质子流轰击某些重金属（如 W、^{238}U）发生蜕变反应喷发大量中子，蜕变中子源产生的中子可以被减速成适合散射或衍射研究所需波长范围。

由反应堆中产生的热中子波的波长 λ 与其速度 v 密切相关，且有关系式

$$\lambda = \frac{h}{mv} \tag{2-15}$$

式中，h 为普朗克常数（$h = 6.2176 \times 10^{-34}$ J · s）；m 为中子的质量（$m = 1.675 \times 10^{-27}$ kg）。通常反应堆中发射出来的热中子束为波长连续的辐射，如图 2 - 23 所示。由图 2 - 23 可见，与 X 射线谱相比，它没有特征谱线。用单色器可以将中子束单色化，把满足布拉格方程并反射出来的单色中子束作为衍射光源。选取单色器时应注意使波长为 λ 的单色波尽可能强，同时使波长为 $\lambda/2$ 且也能通过单色器的二级波尽可能弱，以降低杂散信息。例如，选 $\lambda = 1.12$nm 的单色器，其二级波就很弱，同时这一波长也适合多数晶体的织构分析。

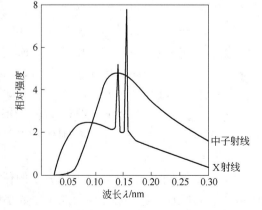

图 2 - 23   热中子和 X 射线谱

B 原子对中子的散射与吸收

同 X 射线一样，中子穿过试样可以发生吸收、散射。中子束照射到金属晶体上之后，主要与原子核发生作用，并被原子核散射。由于与电子分布范围相比原子核非常小，所以随分布角 θ 的上升，原子对中子束的散射并不明显下降，这样有利于获取准确的高 θ 角的衍射峰值。

另一方面，中子与原子核直接作用，进而原子对中子束的散射因子与原子序数没有规律性的关系，所以低原子序数的原子也可以获得高是衍射强度。大多数元素的中子吸收系数远低于相同波长的 X 射线系数。一般，中子吸收系数比 X 射线小 3~4 个数量级。Li、B、Cd 及某些稀土元素例外，它们对中子有较大的吸收能力，这是这些元素在热中子的能量附近发生了吸收共振，故可以将这些材料用作中子屏蔽材料。由于中子被吸收的能力远小于 X 射线，因此，中子可以穿透较厚的试样。一般典型中子衍射试样为 $\phi5~10mm$、高为 25~50mm 的圆柱。与此相比，X 射线只能穿透 20~100μm 厚度。中子这种低吸收性的好处是可以在较大的测量区域内保证组织结构测量的统计性，特别是能真正无损地检测出试样心部的信息，这在织构与应力分析中是十分重要的。

在材料织构与磁织构的测量上，与 X 射线衍射相比，中子衍射材料织构具有如下特点：(1) 由于中子衍射吸收系数小，一般织构测量无须吸收强度校正，只需将试样制成较规整的形状，如正方体、圆柱或圆球即可。另外，中子可以覆盖整个试样；(2) 中子衍射可用一个试样和一种测量方法测出一个完整极图；(3) 中子衍射可以确定大晶粒材料，如铸态材料，其统计性也好。(4) 中子衍射可以测定磁性材料的磁织构。

2.3.3 背散射电子取向分析

2.3.3.1 电子背散射衍射分析技术简介

电子背散射衍射 (electron back scattering diffraction，EBSD)，是开始于 20 世纪 90 年代初的一项应用于扫描电子显微镜 (SEM) 的新技术，自 20 世纪 70 年代英国 Dingley 等利用 EBSD 技术分析单个晶粒取向以来[40,41]，经 10 余年的发展，该技术已较为成熟，国内较早报道 EBSD 取向成像技术的有文献 [42]。2005 年 8 月和 2007 年 8 月中国体视学会材料分会分别举办了两届 EBSD 技术及其应用学术会议，出版了两本专集和专门介绍该技术的书籍[43~45]。该技术也被称为电子背散射花样 (electron back - scattering patterns，EB-SP) 或取向成像显微技术 (orientation imaging)，在材料微观组织结构及微织构表征中广泛应用。EBSD 是进行快速而准确的晶体取向测量和相鉴定的强有力的分析工具。由于它与 SEM 一起工作，使得显微组织 (如晶粒、相、界面、形变等) 能与晶体学关系相联系[46]。此技术实现了在块状样品上观察显微组织形貌的同时进行晶体学数据的分析，改变了传统的显微组织和晶体学分析是两个分支的研究方法。

EBSD 的主要特点是在保留扫描电子显微镜的常规特点的同时，进行空间分辨率亚微米级的衍射 (给出结晶学的数据)，改变了以往织构分析的方法，并形成了全新的科学领域，将显微组织和晶体学分析相结合。与"显微织构"密切联系的是应用 EBSD 进行相分析、获得界面 (晶界) 参数和检测塑性应变。目前，EBSD 技术已经能够实现全自动采集微区取向信息，样品制备较简单，数据采集速度快 (能达到约 36 万点/小时甚至更快)，分辨率高（空间分辨率和角分辨率能分别达到 0.1μm 和 0.5μm），为快速高效地定量统计研究材料的微观组织结构和织构奠定了基础，因此已成为材料研究中一种有效的分析手段。

电子背散射衍射技术在材料科学、地质学、冶金学等领域有着广泛的应用。目前 EBSD 技术的应用领域集中于多种多晶体材料，如工业生产的金属和合金、陶瓷、半导体、超导体、矿石，以研究各种热处理过程、塑性变形过程、与取向关系有关的性能（成型性、磁性等）、界面性能（腐蚀、裂纹、热裂等）、相鉴定等。

2.3.3.2 电子背散射衍射的工作原理

A 电子背散射衍射花样

在扫描电子显微镜（SEM）中，入射于样品上的电子束与样品作用产生几种不同效应，其中之一就是在每一个晶体或晶粒内规则排列的晶格面上产生衍射。从所有原子面上产生的衍射组成"衍射花样"，这可被看成是一张晶体中原子面间的角度关系图。

衍射花样包含晶系（立方、六方等）对称性的信息，而且，晶面和晶带轴间的夹角与晶系种类和晶体的晶格参数相对应，这些数据可用于 EBSD 相鉴定。对于已知相，则花样的取向与晶体的取向直接对应。

电子背散射衍射花样，它实质上是菊池花样。在 SEM 中，非弹性电子的弹性散射，形成菊池衍射圆锥。对于典型的 SEM 工作条件（20kV），计算得布拉格衍射角 θ 约为 0.5°，则衍射圆锥的顶角接近 180°，因此如果将荧光屏直接置于样品之前使其与衍射圆锥相截成一对平行线，即"菊池线"。入射电子在样品中受到大角度散射后反向射出背散射电子，这些背散射电子随后入射到一定的晶面，当满足布拉格衍射条件时，得到 Bragg 衍射花样。将扫描电镜的样品台倾动约 70°，当电子束在样品表面做不同角度扫描时，电子束相对于某晶面的入射角在不断改变，同时由于晶面取向和其 Bragg 角的值都不同，因此可以获得一系列衍射信息图像，通过计算机对所得背散射电子衍射图的分析可以确定晶体的取向，晶体间夹角（位向差）分析，织构分析，晶粒度及晶界类型分析，重位点阵晶界分布，相鉴定。

B EBSD 系统组成

系统设备的基本要求是一台扫描电子显微镜和一套 EBSD 系统。EBSD 采集的硬件部分通常包括一台灵敏的 CCD 摄像仪、一套用来花样平均化和扣除背底的图像处理系统、计算机系统组成。图 2-24 是 EBSD 系统的构成及工作原理。

在扫描电子显微镜中得到一张电子背散射衍射花样的基本操作是简单的。相对于入射电子束，样品被高角度倾斜，一般倾转 60°~70°，通过减小背散射电子射出表面的路径以获取足够强的背散射信号。入射电子束打在样口表面产生衍射（EBSD），形成与透射电镜下透射方式形成的菊池带类似而又有所不同的菊池带。由衍射锥体组成的三维花样投到低光度的磷屏幕上，在二维屏幕上被截出相互交叉的菊池带花样（EBSP）。花样被后面的 CCD 相机接收，经 EBSD 系统的图像处理系统处理（信号放大、加和平均、扣背底等），再由图像采集卡采集到计算机中，如图 2-25 所示。系统的计算机通过 Hough 变换，自动确定菊池带的位置、宽度、强度、带间夹角，并与对应的晶体学库中的理论值比较，标定出对应的晶面指数与晶带轴，并算出所测晶粒的晶体坐标相对于样品坐标的取向。由于 EBSD 系统对 SEM 电子束和样品台的自动控制，实现了 EBSP 花样的自动采集和标定，使得在短时间内可以获得大量的晶体学信息。最快的 EBSD 系统每一秒钟可进行 700 ~ 900 个点的测量。进行 EBSD 试验，要求 SEM 的电子束是稳定的，样品应不充电，表面无严重形变的晶体。

现代 EBSD 系统和能谱 EDX 探头可同时安装在 SEM 上，这样，在快速得到样品取向信息的同时，可以进行成分分析。

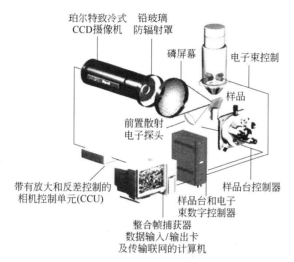

图 2 - 24 EBSD 系统的构成及工作原理

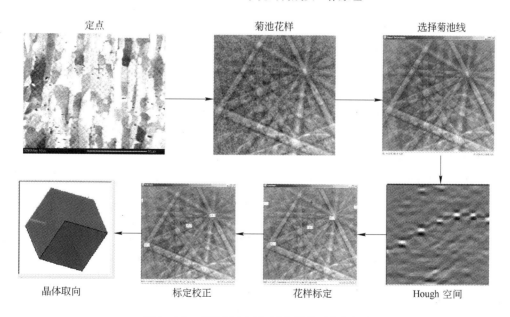

图 2 - 25 背散射电子衍射花样的采集与标定

2.3.3.3 电子背散射衍射（EBSD）的应用

扫描电子显微镜中电子背散射衍射技术已广泛地成为金属学家、陶瓷学家和地质学家分析显微结构及织构的强有力的工具。EBSD 系统中自动花样分析技术的发展，加上显微镜电子束和样品台的自动控制使得试样表面的线或面扫描能够迅速自动地完成，从采集到的数据可绘制取向成像图 OIM、极图和反极图，还可计算取向（差）分布函数，这样在很短的时间内就能获得关于样品的大量的晶体学信息，如：织构和取向差分析；晶粒尺寸及形状分布分析；晶界、亚晶及孪晶界性质分析；应变和再结晶的分析；相鉴定及相比计算等，EBSD 对很多材料都有多方面的应用也就是源于 EBSP 所包含的这些信息。

A　织构及取向差分析

EBSD 不仅能测量各取向在样品中所占的比例，还能知道这些取向在显微组织中的分布，这是织构分析的全新方法。既然 EBSD 可以进行微织构分析，那么就可以进行织构梯度的分析，在进行多个区域的微织构分析后宏观织构也就获得了。EBSD 可应用于取向关系测量的范例有：推断第二相和基体间的取向关系、穿晶裂纹的结晶学分析、单晶体的完整性、断口面的结晶学、高温超导体沿结晶方向的氧扩散、形变研究、薄膜材料晶粒生长方向测量。

EBSD 测量的是样品中每一点的取向，那么不同点或不同区域的取向差异也就可以获得，从而可以研究晶界或相界等界面。

B　晶粒尺寸及形状的分析

传统的晶粒尺寸测量依赖于显微组织图像中晶界的观察。自从 EBSD 出现以来，并非所有晶界都能被常规浸蚀方法显现这一事实已变得很清楚，特别是那些被称为"特殊"的晶界，如孪晶和小角晶界。因为其复杂性，严重孪晶显微组织的晶粒尺寸测量就变得十分困难。由于晶粒主要被定义为均匀结晶学取向的单元，EBSD 是作为晶粒尺寸测量的理想工具。最简单的方法是进行横穿试样的线扫描，同时观察花样的变化。

C　晶界、亚晶及孪晶性质的分析

在得到 EBSD 整个扫描区域相邻两点之间的取向差信息后，可进行研究的界面有晶界、亚晶、相界、孪晶界、特殊界面（重合位置点阵 CSL 等）。

D　相鉴定及相比计算

就目前来说，相鉴定是指根据固体的晶体结构来对其物理上的区别进行分类。EBSD 发展成为进行相鉴定的工具，其应用还不如取向关系测量那样广泛，但是应用于这方面的技术潜力很大，特别是与化学分析相结合。已经用 EBSD 鉴定了某些矿物和一些复杂相。EBSD 最有用的就是区分化学成分相似的相，如在扫描电子显微镜中很难在能谱成分分析的基础上区别某元素的氧化物或碳化物或氮化物，但是，这些相的晶体学关系经常能毫无疑问地区分开。M_7C_3 和 M_3C 相（M 大多是铬）已被从两者共存的合金中鉴别出来，因为它们分别属于六方晶系和四方晶系，这样它们的电子背散射衍射花样（EBSP）就完全不同。类似地，已用 EBSD 区分了赤铁矿、磁铁矿和方铁矿。用 EBSD 进行相鉴定的最简单的应用之一，就是直接区别铁的体心立方和面心立方，这在实践中也经常用到，而且用元素的化学分析方法是无法办到的，如钢中的铁素体和奥氏体。而且在相鉴定和取向成像图绘制的基础上，很容易地进行多相材料中相百分含量的计算。

E　应变测量

存在于材料中的应变影响其抗拉强度或韧性等性能，进而影响零件的使用性能。衍射花样中菊池线的模糊证明晶格内存在塑性应变。因此从花样质量可直观地定性评估晶格内存在的塑性应变。

2.3.3.4　EBSD 与其他衍射技术的比较

对材料晶体结构及晶粒取向的传统研究方法主要有两个方面：一是利用 X 光衍射或中子衍射测定宏观材料中的晶体结构及宏观取向的统计分析；二是利用透射电镜中的电子衍射及高分辨成像技术对微区晶体结构及取向进行研究。前者虽然可以获得材料晶体结构及取向的宏观统计信息，但不能将晶体结构及取向信息与微观组织形貌相对应，也无从知道多相材料和多晶材料中不同相及不同晶粒取向在宏观材料中的分布状况。EBSD 恰恰是进行微织构分析、微取向和晶粒取向分布测量，可以将晶体结构及取向信息与微观组织形貌相对应。而透射电镜的研究方法由于受到样品制备及方法本身的限制往往只能获得材料非常局部的晶体结构及晶体取向信息，无法与材料制备加工工艺及性能相直接联系。

X 射线衍射或中子衍射不能进行点衍射分析。除了 EBSD 外，还有其他的点分析技术，主要有 SEM 中的电子通道花样（SAC）和透射电子显微镜（TEM）中的微衍射（MD），一般认为 EBSD 已经取代 SAC，而 TEM 中的微衍射（MD）需要严格的样品制备，且不可能进行自动快速测量。

定位的相鉴定早已成为 TEM 的工作，但其样品制备经常是不方便的，甚至是不可能的，因此 EBSD 成为极有吸引力的选择。

在原理上，取向测量也能用 TEM 完成，但事实上，因为 TEM 制样困难，每个样品上可观察晶粒数很少以及难以与原块状样品相对应，使得 EBSD 在快速而准确地生成定位取向数据方面成为更高级的方法。TEM 只被推荐用于低于 EBSD 的分辨率极限（即小于 $0.1\mu m$）的取向测量，也就是纳米（nm）多晶材料和严重变形的结构。

因此，EBSD 是 X 射线衍射和透射电子显微镜进行取向和相分析的补充，而且它还有其独特的地方（微区、快速等）。

EBSD 的主要应用是取向和取向差异的测量、微织构分析、相鉴定、应变和真实晶粒尺寸的测量。归纳起来，EBSD 技术具有以下四个方面的特点：（1）对晶体结构分析的精度已使 EBSD 技术成为一种继 X 光衍射和电子衍射后的一种微区物相鉴定新方法；（2）晶体取向分析功能使 EBSD 技术已逐渐成为一种标准的微区织构分析技术新方法；（3）EBSD 方法所具有的高速（每秒钟可测定 100 个点）分析的特点及在样品上自动线、面分布采集数据点的特点已使该技术在晶体结构及取向分析上既具有透射电镜方法的微区分析的特点又具有 X 光衍射（或中子衍射）对大面积样品区域进行统计分析的特点。（4）EBSD 样品制备也是相对简单。

因此，装有 EBSD 系统和能谱仪的扫描电子显微镜就可以将显微形貌、显微成分和显微取向三者集于一体，这大大方便了材料科学工作者的研究工作。

参 考 文 献

[1] G. S. Barrett. Structure of Metals. McGraw Hill. London 1943：455.

[2] 毛卫民，张新民. 晶体材料织构定量分析 [M]. 北京：冶金工业出版社，1993.

[3] 毛卫民. 金属材料的晶体学织构与各向异性 [M]. 北京：科学出版社，2000.

[4] 松尾宗次. 組織結晶異方性と集合組織 [J]. まてりあ，2007，64（4）：284～289.

[5] 丘利，胡玉和. X 射线衍射技术及设备 [M]. 北京：冶金工业出版社，1998（2）：188.

［6］梁志德，王福. 现代物理测试技术［M］. 北京：冶金工业出版社，2003.

［7］张信钰. 金属与合金的织构［M］. 北京：科学技术出版社，1976.

［8］戴礼智，张信钰，刘壬宝. 镍－铁合金立方织构的形成［J］. 金属学报，1959，4（1）：52～59.

［9］张玉梅；姜文辉. 立方取向50％Ni－Fe合金的二次再结晶织构的测定［J］. 金属学报，1988，24（3）：217～220.

［10］许令峰，毛卫民，张晓辉. 晶粒取向对冷轧无取向硅钢磁时效的影响［J］. 功能材料，2010，41（12）：2144～2146.

［11］李长一，冯大军，黎世德，郭小龙，周顺兵. 不同晶体学方向对无取向电工钢电磁性能的贡献及其磁性各向异性［J］. 武汉科技大学学报，2010，33（4）：393～396.

［12］梁志德，徐家桢，王福. 织构材料的三维取向分析技术——ODF分析［M］. 沈阳：东北大学出版社，1986.

［13］Ryong-Joon Roe. Description of Crystallite Orientation in Polycrystalline Materials. Ⅲ. General Solution to Pole Figure Inversion［J］. Journal of Applied Physics，1965，36（6）：2004～2030.

［14］Bunge H J. Zur darstellung allgemeiner texturen［J］，Z，Metakkjdem1965，65：872～876.

［15］周玉. 材料分析方法［M］. 北京：机械工业出版社，2004：106.

［16］Ruer，D，Baro R. Adv. X－Ray Anal.，1977（20）：187.

［17］梁志德. 现代织构分析的进展［J］. 金属学报，1997，33（2）：133～142.

［18］Matthies S. Kristall und Technik，1981（16），513.

［19］Wang，Fu et al.，Proc. 8th ICOTOM，ed. by J. S. Kallend and G. Gottstein，The Metallur. Soc. Santa Fe 1988，111.

［20］Imhof J. An appreciative determination of the orientation distribution function［C］，Proc ICOTOM5，1978，149～153.

［21］Ruer D，Baro R. A new method for the determination of the texture of materials of cubic structure from incomplete reflection plle figures［J］，Adv X－Ray Anal，1977（20）：187～191.

［22］Liang Z，Xu J，Wang F. Determination of ODF of polycrystalline materials from incomplete pole figures［C］. In：Nagashima S eds.，Proc 6th Int Conf on Textures of Materials［C］，Vol. 2，ISIJ，Tokyo，1981：1259～1265.

［23］Bunge H J and Esling C. Determination of the odd part of the texture fumction by anomalous scattering［J］，J. Appl. Crystallogr，1981，14：253～257.

［24］Pospiech J，Lücke K and Jura J. Reproduction of the true ODF from plle figures and single orientation measurements by application of gauss－type scattering models［C］，Proc. ICOTOM6，1981，2：1390～1401.

［25］Wang F，et al. Application of the maximum entropy method to the inverse plle figure determination of cubic materials［J］，J. Appl. Crystallogr，1991，24：26～30.

［26］Wang F，Xu J Z，Liang Z D. Determination of the complete ODF of cubic system materials by the maximum entropy method［J］，Textures Microstructure，1992，19：55～58.

［27］Wang Y D，Xu J Z，Liang Z D. The modified maximum entropy method（MMeM）in QTA from lower symmetry polycrystalline aggregates［J］，Textures Microstructure，1995：26～27，103.

［28］Wang Y D，Xu J Z，Zuo Land Liang Z D. Some applications of the modified maximum entropy method in quantitative texture analysis［C］，Proc. ICOTOM11，1996：1064～1069.

［29］Wang Y D，Liu Y D，Xu J Z，Liang Z D. A new algorithm of quantitative texture analysis adapted to thin films［J］，J. Appl. Phys.，1996，79：7376～7381.

［30］王沿东，佟伟平，何长树，左良，梁志德. 含磷深冲钢板的低分辨织构分析与弹性模量预估［J］. 金属学报，1999，35（6）：627～630.

[31] Schulz L G. A Direct Method of Determining Preferred Orientation of a Flat Reflection Sample Using a Gei-
ger Counter X-Ray Spectrometer [J]. Journal of Applied Physics, 1949, 20 (11): 1030~1032.

[32] Decker B F, Asp E T, Harker D. Preferred Orientation Determination Using a Geiger Counter X-Ray Dif-
fraction Goniometer [J]. Journal of Applied Physics, 1948, 19 (4): 388~391.

[33] Annual Book of ASTM Standards E81.

[34] 王富耻. 材料现代分析测试方法 [M]. 北京: 北京理工大学出版社, 2006: 66.

[35] 黄新民, 谢挺. 材料分析测试方法 [M]. 北京: 国防工业出版社, 2006: 42.

[36] Decker B F, Asp E T, Harker D J. Appl. phys., 19 (1948): 388.

[37] Lopata L S, Kula E B. Trans. Met. Soc. AIME, 224 (1962): 862.

[38] Welch P I. Neutron diffraction texture analysis. In: Bunge H J. Exerimental Techniques of Texture Analy-
sis. Oberurael: DGM – Informationsgeselleshcaft, 1980: 183~207.

[39] Bunge H J, Wenk H R, Pannetier J. Neutron diffraction texture analysis using a position sensitive detector.
In: Bunge H J. Exerimental Techniques of Texture Analysis. Oberurael: DGM – Informationsgesellsh – caft,
1980: 209~216.

[40] Dingley D J, Steeds J W. Chapter 14: Application of the Kossel X – ray back reflection technique in the
scanning electron microscope. In: Holt D B, Muir M D, Grant P R, Boswarva I M. Quantitative Scan-
ning Electron Microscopy. London: Academic Press, 1974: 487~516.

[41] Dingley D J, Metallurgical applications of kossel diffraction in the scanning electron microscope. In: Scan-
ning Electron Microscopy (Proceekings of the Annual Scnning Electron Microscope Symposium). Los An-
geles: 1978 (1): 869~886.

[42] 朱静. 取向成像电子显微术 [J]. 电子显微学报, 1997, 16 (3): 210~217.

[43] 孙俪虹, 刘安生, 邵贝羚, 胡光勇等. 电子背散射衍射装置及数据处理系统 [J]. 中国体视学与
图像分析/电子背散射衍射 EBSD 专辑, 2005, 10 (4): 253~256.

[44] 中国体视学与图像分析. 第二届全国 (电子) 背散射衍射 (EBSD) 会议专刊. 2007, 12 (4).

[45] 杨平. 电子背散射衍射技术及其应用 [M]. 北京: 冶金工业出版社, 2007.

[46] 张寿禄. 电子背散射衍射技术及其应用 [J]. 电子显微学报. 2002, 21 (5): 703~704.

3 硅钢材料的磁性基础

硅钢是一种含碳量很低的软磁材料，主要应用于电力、机械、家电、军工等行业，是变压器、发电机和电动机铁芯的主要材料。1898 年，R. A. Hadfield 研究发现含硅 4.4% 的 Si – Fe 合金具有良好的磁性，1903 年人们根据 R. A. Hadfield 的专利生产出了热轧硅钢。加硅使铁的电阻率明显增加，涡流损耗和磁滞损耗降低，磁导率增高，磁时效现象减轻[1]。常温下 Si 在 Fe 中的固溶度大约为 15%，在纯 Fe – Si 合金中，Si 大于 1.7% 时无 γ 相变。硅含量超过 4%（质量分数）以后，产生脆性的 Fe_3Si 和 FeSi 金属间化合物，使 Fe – Si 合金的加工性能变差，因此硅钢中的硅含量一般为 5%。

3.1 磁学参量

3.1.1 磁矩 m

对于磁偶极子，磁矩为电流、回路面积与垂直回路平面的单位矢量（其方向对应于回路转向）三者之积。对于某一区域内的物质，磁矩为包含在该区域内所有基本磁偶极子磁矩的矢量和。它是矢量，在电流为 i 的闭合回路面积 s 中，磁矩等于 i 与 s 的乘积，即

$$m = is$$

3.1.2 磁偶极矩 p

磁偶极矩是磁矩的力矩，即把磁矩看成带有正负磁极 q_m 的小磁体，正负磁极间的距离 r 与磁极 q_m 的乘积就是磁偶极矩：

$$p = q_m r$$

磁偶极矩与磁矩的关系为

$$p = \mu_0 m$$

式中，μ_0 为磁性常数，又称为真空磁导率，$\mu_0 = 4\pi \times 10^{-7}$。在 SI 单位制中，$\mu_0$ 的单位可为：H/m、Wb/(A·m)、N/A^2。

3.1.3 磁化强度 M

单位体积的磁矩称为磁化强度，将体积 V 内的所有磁矩求和并被 V 除可得：

$$M = \Sigma \mu / V$$

式中，M 为磁化强度，在 SI 单位制中，M 的单位为 A/m。

3.1.4 磁极化强度 J

单位体积的磁偶极矩称为磁极化强度，将体积 V 内的所有磁偶求和并被 V 除可得：

$$J = \Sigma p/V$$

J 在 SI 单位制中的单位为 T。

磁极化强度与磁化强度的关系：

$$J = \mu_0 M$$

3.1.5 磁场强度 H

运动的电荷在空间产生磁场，其数值用磁场强度 H 表示。根据安培定律，电流 i 通过导线元 dl 时，在距离 r 处的磁场 dH（单位：A/m）可由下式求出：

$$dH = \frac{1}{4\pi}\frac{idl \times r}{r^3}$$

3.1.6 磁感应强度 B

磁感应强度（magnetic flux density）是描述磁场强弱和方向的物理量，是矢量，常用符号 B 表示（单位：T）。磁场中某点的磁感应强度在数值上等于单位正电荷、以单位速率沿垂直于磁场的方向射到该点时所受力的大小。磁感应强度也被称为磁通量密度或磁通密度，它表示单位面积上通过的磁通量。若面积 S 上通过的磁通量为 Φ，则磁感应强度为

$$B = \frac{\Phi}{S}$$

在工程应用中都以磁感应强度作为铁磁性材料的磁化强弱的判断。

3.1.7 磁导率 μ

磁导率是表征磁介质磁化性能的物理量。磁感应强度与磁场强度之比称为磁导率 μ，即

$$\mu = \frac{B}{\mu_0 H}$$

根据磁性知识，B、J、H、M 虽然概念不同，但它们之间的联系是：

$$B = J + \mu_0 H = \mu_0(M + H)$$

3.2 物质的磁性

物质放入磁场中会表现出不同的磁性特性，称此为物质的磁性。磁性是物质的基本属性之一，各种物质都具有不同程度的磁性。使原来不显示磁性的物质放入磁场中而获得磁性的过程称为磁化。在磁场中可被磁化的物质称为磁性物质。被磁化了的物质将产生一个附加磁场，这个附加磁场与原来没有放入物质时的外加磁场相叠加，从而使原来的磁场发生变化。物质的磁性特性源于核外电子的轨道磁矩和自旋磁矩。原子或分子的磁矩之间，依靠自身内部的作用，按一定的方式有序排列的现象称为自发磁化。磁矩之间同方向排列的称为铁磁性；磁矩之间反方向排列，但数值并不抵消的称为亚铁磁性；磁矩之间反方向排列，但数值完全抵消的称为反铁磁性。原子或分子的热运动，将扰乱自发磁化，从磁有序的角度看，每一种磁有序都有相应一个临界温度。使铁磁性和亚铁磁性

消失的温度称为居里温度，简称居里点。所以磁性材料使用的最高温度，都应在居里点以下。

物质的铁磁性起源于原子磁矩之间的强相互作用。铁磁性物质的特征是在外磁场作用下才表现出很强的磁化作用，根据铁磁性物质的原子磁矩结构，可将其分为完全铁磁性和亚铁磁性。完全铁磁性物质属于本征磁性材料，在某一宏观尺寸大小范围内，原子磁矩的方向趋于一致，如 Fe、Ni、Co 等。亚铁磁性物质内大小不同的原子磁矩反平行排列，二者不能完全抵消，相对于外磁场显示出一定程度的磁化作用，这种材料在信息领域应用广泛，如铁氧体系列作为高技术磁性材料，受到高度重视。

3.2.1　完全铁磁性

相邻电子自旋之间有一强的正相互作用，从而使电子自旋都平行排列。但随着温度的升高，热运动将破坏电子自旋的这种有序排列，自发磁化强度减小。温度高于居里点时，自发磁化消失变为顺磁性。在相同的磁场下，铁磁性物质的磁化强度比抗磁性和顺磁性物质高得多，并且在不太强的磁场中就可以达到饱和状态。比如，在同一磁场下铁的磁化强度比顺磁性物质的磁化强度大 10^6 倍。具有铁磁性的物质主要是过渡族元素，如 Fe、Ni、Co、Gd、Tb 及它们的合金或化合物，如 FeSi、NiFe、CoFe 等。Gd 在 16° 以下和 Dy 在 89K 以下也具有很强的铁磁性。

物质的磁性来源于原子的磁性，即原子磁矩，而原子的磁性来源于电子的轨道运动和自旋运动，它们都可以产生磁矩。整个原子的磁矩为原子中各电子轨道磁矩和自旋磁矩的矢量和。

电子轨道磁矩是由电子绕原子核的运动产生的。电子绕轨道运动相当于一个闭合环形电路中的电流 i，$i = -e/T$。式中的 $-e$ 为电子的电荷，T 为电荷 $-e$ 绕轨道运行的周期。因此，$-e/T$ 是单位时间内在一点上流过的电量，即电流。这形成 iS 磁矩，S 为环形电流所包围的面积。原子中各电子轨道的磁矩方向是空间量子化的，磁矩的最小单位为 μ_B，称为波尔磁子，它是一个常数，其值为 $\mu_B = 9.27 \times 10^{-24} A \cdot m^2$，也可以用磁偶极矩表示一个波尔磁子，其值为

$$\mu_0 \times 9.27 \times 10^{-24} A \cdot m^2 = 1.165 \times 10^{-29} Wb \cdot m$$

电子沿轨道运动所产生的磁矩大小和轨道角动量大小有关，它是角量子数 1 的函数。如果一原子中有很多电子，则由各个电子形成的轨道总磁矩是各个电子轨道磁矩的矢量和。因此在原子壳层完全填满电子的情况下，由于电子轨道在空间的对称分布，合成的总轨道角动量等于零，原子的总磁矩为零。

电子自旋磁矩，是由于电子自旋运动形成的。实验测得的一个电子自旋磁矩（μ_{SZ}）在外磁场方向（Z）上的分量正好是一个波尔磁子（μ_B），但其方向与外磁场方向平行或反平行，及 $\mu_{SZ} = \pm\mu_B$。因此，如果一个原子中有多个电子，填满在 Z 方向的自旋磁矩可能是平行的，也可能是反平行的。总的自旋磁矩是各自自旋磁矩的矢量和。在填满电子的壳层中，电子自旋角动量也互相消失了，总的自旋磁矩也为零。

在固体中，由于各个原子间电子的相互作用，情况就变得复杂了，每个原子的磁矩大小不能简单地按计算孤立原子的磁矩的方法作定量的计算。

3.2.2 亚铁磁性

如果一种磁性物质中磁离子占据两种晶格位置，它们的自发磁矩方向相反但大小不等，它们的磁化强度之差不为零，仍存在未完全消失的净磁矩。这种磁有序从宏观上的净磁矩看类似铁磁性，但从微观上的磁矩反平行排列看是未抵消的反铁磁性，所以称为亚铁磁性，属于强磁性范畴。与铁磁性特征相似，当温度升高时，由于热运动破坏了相邻电子的自旋的有序排列，自发磁化强度减小。在居里点温度以上，电子自旋排列完全为混乱无序，自发磁化消失，而变成顺磁性。此时磁化率随温度升高而减小。典型的亚铁磁性物质是铁氧体，由铁的氧化物和一些其他金属氧化物构成，如各种铁氧体系列材料（Fe，Ni，Co 氧化物）、Fe，Co 等和重稀土类金属形成的金属间化合物 TbFe 等。

3.2.3 弱磁性

3.2.3.1 顺磁性

顺磁性物质（如 Pt、Pd、Rh、Li、Na 等）的原子或离子是有磁矩的，其源于原子内未填满的电子壳层（如过渡元素的 d 层，稀土金属的 f 层），或源于具有奇数个电子的原子。但无外磁场时，由于热振动的影响，其原子磁矩的取向是无序的，故总磁矩为零。当有外磁场作用，则原子磁矩便排向外磁场的方向，总磁矩便大于零而表现为正向磁化。但在常温下，由于热运动的影响，原子磁矩难以有序化排列，故顺磁体的磁化十分困难，磁化率（磁化强度与磁场强度之比）成为正值，但数值也是很小，磁化率一般仅为 $10^{-6} \sim 10^{-3}$，并且随温度的降低而增大。

在常温下，使顺磁体达到饱和磁化程度所需的磁场约为 $8 \times 10^8 \text{A/m}$，这在技术上是很难达到的。但若把温度降低到接近绝对零度，则达到磁饱和就容易多了。总之，顺磁性物质的磁化是磁场克服热运动的干扰，使原子磁矩排向磁场方向的结果。铁磁物质在居里温度之上变得顺磁。

稀土金属的顺磁性较强，磁化率较大且遵从居里－外斯定律。过渡族金属，在高温基本都属于顺磁物质，但其中有些存在铁磁转变（如 Fe、Co、Ni）。这类金属的顺磁性主要是由于它们的 $3d-5d$ 电子壳层未填满，电子未抵消的自旋磁矩形成了晶体离子的固有磁矩，从而产生了强烈的顺磁性。

温度和磁场强度对抗磁性的影响甚微，但当金属熔化凝固、塑性变形、晶粒细化和同素异构转变时，电子轨道的变化和原子密度的变化，将使抗磁磁化率发生变化。

塑性变形可使铜和锌的抗磁性减弱，经高度加工硬化后的铜可由抗磁性变为顺磁性，而退火则可使铜的抗磁性恢复。晶粒细化可使铋、锑、硒、碲的抗磁性减弱，在晶粒高度细化时可由抗磁性变为顺磁性。熔化、加工硬化和晶粒细化等因素都是使金属晶体趋于非晶化，因此其影响效果也类似。而且都是因变化时原子间距增大、密度减小所致。

合金的相结构及组织对磁性的影响比较复杂。如果在抗磁性金属 Cu、Ag、Au 中溶入过渡族的强顺磁性的元素，如 Ni 和 Pt 溶入 Cu 中，也会使磁化率降低，但仍保持着微弱的顺磁性。而 Cr、Mn 与 Pd 却大不相同，它们溶入 Cu 中将使固溶体的磁化率急剧增加，甚至比它们处于纯金属状态时的顺磁性还强。

3.2.3.2 反磁性

反磁性是指物质中原子磁矩方向与磁场方向相反，χ 小于零为负值，且与温度无关。原子的磁矩取决于未填满壳层电子的轨道磁矩和自旋磁矩。对于电子壳层已填满的原子，虽然其轨道磁矩和自旋磁矩的总和为零，但这仅是在无外磁场的情况下，当有外磁场作用时，即使对于那种总磁矩为零的原子也会显示出磁矩来。这是电子的循轨运动在外磁场的作用下产生了抗磁磁矩 ΔP 的缘故。如 Cu、Ag、Au、Si、α-Sn、Ge 等。

3.2.4 反铁磁性

反铁磁性是指在无外加磁场的情况下，磁畴内近邻原子或离子的数值相等的磁矩，由于其间的相互作用而处于反平行排列的状态，因而其合磁矩为零的现象。这种材料当加上磁场后其磁矩倾向于沿磁场方向排列，即材料显示出小的正磁化率。但该磁化率与温度相关，并在奈尔点有最大值。反铁磁性与顺磁性相似，具有小的正磁化率，其磁化率的倒数 $1/\chi$ 随温度 T 的变化曲线上有一转折点 θ_N，在此温度下为反铁磁性，即 χ 随温度升高而增大。在 θ_N 以上为顺磁性，即 χ 随温度升高而降低。

不论在什么温度下，都不能观察到反铁磁性物质的任何自发磁化现象，因此其宏观特性是顺磁性的，M 与 H 处于同一方向，磁化率为正值。反铁磁性物质置于磁场中，其邻近原子之磁矩相等而排列方向刚好相反，因此其磁化率为零。Cr、Mn、Nd、稀土元素、MnO 等具有这种反铁磁性。

反铁磁性元素及其合金非常重要，其自身不具有自发磁化，但每个原子都具有磁矩，通过与铁磁性元素及合金相组合，可以充分发挥其功能。

3.3 磁各向异性

当材料的物理性能是某个方向的函数时，这种性能就被称为各向异性。晶体由于不同晶面和晶向上的原子排列情况不同，因而原子间距不同，原子间相互作用的强弱不同，从而导致晶体的宏观性能在不同方向上具有不同数值，此现象称为晶体的各向异性。

实际晶体一般是由许多单晶体组成的多晶体。在多晶体中，各晶粒的原子排列规律相同，只是位向不同而已。由于晶粒的性能在各个方向上互相影响，再加上晶界的作用，就完全掩盖了每个晶粒的各向异性，故测出多晶体的性能在各个方向上都几乎相等，显示出各向同性的性质。对铁磁性材料，样品磁化时，在某个特定的方向上优先磁化，就称为磁各向异性。描述磁化过程的参数的磁导率通常是外磁场方向的函数。如弱磁的抗磁、顺磁和反铁磁晶体的磁化率随晶体方向不同而异，强磁体饱和磁化在不同方向时自由能不同等。磁各向异性对强磁体的技术磁性有很大影响，因而是强磁物质的重要的基本磁性之一。磁各向异性来源于样品的形状、晶体的对称性、应力或原子对的有序化。

磁各向异性可分为磁晶各向异性、应力各向异性、形状各向异性、感生各向异性和交换各向异性。

在铁磁单晶体中不同晶轴方向上的磁性不同称为磁晶各向异性。铁磁体磁化时其长度和体积发生微小变化，产生磁弹性应力，材料也存在其他应力。由这些应力和其应变导致的磁各向异性，称为应力各向异性。对于非球形对称的铁磁体，在不同方向上磁化时，由于退磁场强度不同引起的磁性不同称为形状各向异性。铁磁材料在居里温度以下经磁场热处理或应力热处理等外加条件下造成的各向异性称为感生各向异性。铁磁材料中存在铁磁 – 反铁磁界面或铁磁 – 亚铁磁的界面时，由于界面原子间交换耦合，使铁磁体附加一单向的各向异性，这称为交换各向异性。具有这种各向异性的材料有不对称的磁滞回线，两侧的矫顽力 H_{cm} 不相等。铁磁薄膜材料在一定外界条件影响下进行晶体生长时，也会引入生长磁各向异性。

3.3.1　磁晶各向异性

　　Fe、Co 和 Ni 单晶体沿不同晶轴方向测出的磁化曲线证明各晶轴方向的磁性差别很大，如图 3 – 1 ~ 图 3 – 6 所示。常用磁晶各向异性能表示沿不同晶轴磁化时，铁磁体的磁化曲线不同的现象。铁磁体的磁各向异性是铁磁体的基本磁性之一，磁各向异性来源于磁晶体的各向异性。温度低于居里温度的铁磁体受外磁场作用时，单位体积物质达到磁饱和所需的能量称为磁晶能，由于晶体的各向异性，沿不同方向磁化所需的磁晶能不同。对每种铁磁体都存在一个所需磁晶能最小和最大的方向，前者称易磁化方向，后者称难磁化方向。磁晶各向异性能 F_k 常表示为饱和磁化强度矢量 M_s 相对于主晶轴的夹角的三角函数的幂级数，其表达式随晶体对称性而异。k_1 和 k_2 的数值随材料而异，且随温度变化。其符号和大小决定材料的难易磁化方向和难易的程度。在基础研究中，有时磁晶各向异性能表示为正交的球谐函数的展开式。

　　磁晶各向异性能的微观机制主要有以下几种：(1)磁偶极相互作用。经典的磁偶极作用只对非立方晶体能引起各向异性。但常常不是主要的贡献。(2)各向异性交换作用。来自轨道 – 自旋作用对交换作用的影响。存在于某些稀土离子及低对称化合物中。(3)单离

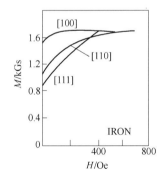

图 3 – 1　Fe 单晶体的磁化曲线

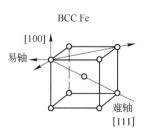

图 3 – 2　Fe 晶体结构及易磁化轴和难磁化轴

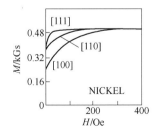

图 3 – 3　Ni 单晶体的磁化曲线

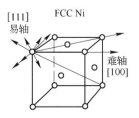

图 3 – 4　Ni 晶体结构及易磁化轴和难磁化轴

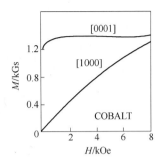

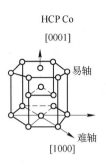

图 3-5 Co 单晶体的磁化曲线　　　　图 3-6 Co 晶体结构及易磁化轴和难磁化轴[2]

子各向异性。为晶体电场和轨道 - 自旋作用的联合效应。它使单个离子的能级呈现各向异性。对铁氧体和一些稀土离子，它的贡献是主要的。(4)巡游电子各向异性。来自轨道 - 自旋作用对能带的影响，适用于 $3d$ 金属及合金。

原子以某种形式规则排列，造成了金属单晶体的各向异性，即金属晶向不同，则晶向上的物理、化学、力学等性质不一样。例如导电性、磁性、导热性、弹性、强度、光学性质等。多晶体的这种各向异性性质会受到晶粒取向分布的影响。多晶体磁化时各个晶粒之间发生磁相互作用，且晶界处有退磁场的存在。晶粒之间的这种磁相互作用非常复杂，但对磁化特征参数的影响较小，因而通常可以忽略掉[3,4]。这样多晶钢板的磁各向异性能只取决于单晶体的磁晶各向异性能和多晶体材料的织构，因而借助多晶体各晶粒各向异性能的叠加即可求出多晶体的各向异性能。

取向随机分布的多晶体材料在宏观上通常表现为各向同性。当多晶体内有织构时，它的宏观性质会受到相应单晶体的各向异性以及晶粒取向分布两个因素的双重影响。如果掌握了单晶体的各向异性性质并获得了多晶体的取向分布函数，就可以从理论上计算多晶体的宏观性质。分析表明，如果用 M 表示与某取向相关的多晶体宏观性能，则该性能可简单地表示成[5]：

$$M = \sum_{\lambda=0(2)}^{\lambda_{\max}} \sum_{\mu=1}^{M(\lambda)} \sum_{\nu=1}^{N(\lambda)} \frac{1}{2\lambda+1} m_{\lambda}^{\mu\nu} C_{\lambda}^{\mu\nu} \qquad (3-1)$$

式中，$m_{\lambda}^{\mu\nu}$ 表示一组与单晶体各向异性相关的数据；$C_{\lambda}^{\mu\nu}$ 为取向分布函数（ODF）级数的系数。由此可见，M 包含了晶体各向异性和多晶体织构的影响。如果我们掌握了单晶体的各向异性性质并且获得了多晶体的取向分布函数，就可以从理论上计算多晶体的宏观性质。单晶体各个方向上某些性质是已知的或通过实测就可知道，因此可以事先计算出 $m_{\lambda}^{\mu\nu}$ 数组；如果能在生产线上装上在线测量设备就可以在生产过程中即时获得 $C_{\lambda}^{\mu\nu}$ 数组[6]，这给多晶体材料生产的无损测定提供了可能。

根据单晶体的各向异性，并通过织构数据，进而计算多晶体材料的宏观性能也是材料织构定量分析技术的最重要应用之一[7~10]。研究织构材料宏观性能和微观组织的关系，对开发和提高材料的性能具有十分重要的意义。采用这种方法不仅能直接预测材料的宏观性能，而且还可以免去复杂的性能测试工作、进行材料优先设计，可以实现材料性能在线监控在实际工程中的应用。

自晶粒取向分布函数问世以后，人们就开始将织构应用于材料宏观各向异性的预测。

织构材料和与方向有关的多晶体宏观性能一般可分为两类，一类是由晶体一个方向决定的单轴性能，例如多晶软磁材料的磁性能；另一种必须由四张量描述的三轴性能，例如，弹性、塑性、屈服应力。硅钢的磁性能是最典型的单轴性能。因为磁性能与晶粒边界的关系不太密切，作为一级近似可忽略其晶界的作用，可通过测定材料的取向分布函数，能确切地预估多晶体材料各向的宏观性能。

3.3.2 感生磁各向异性

感生各向异性与磁晶各向异性不同，它不是材料本身固有的，而是靠外加条件形成的。在去掉外加条件后在材料中仍保持这种各向异性。某些材料经过某种处理后出现的附加的磁各向异性。这类处理有：磁场作用下的热处理、应力作用下的热处理及冷轧等。有磁场热处理感生各向异性的材料，在无磁场作用下退火时，在磁畴及畴壁中获得自发磁化条件下的感生各向异性。某些薄膜材料在磁场下生长，或由于某种条件生长，均可获得生长感生各向异性。对金属及合金的感生各向异性，原子对的有序排列（方向有序）的理论给出了合理的解释。塑性变形加工通过晶体滑移可以形成原子对方向有序，从而形成滑移感生各向异性。铁氧体的感生各向异性则可用单离子理论（各向异性离子的有序分布）来解释。当一个材料中同时存在磁晶各向异性和感生各向异性时，总的磁各向异性能为这两部分能量之和。材料的磁晶各向异性能比较小时，感生各向异性就起主要作用，也就是 k_1 小的材料经这样处理，改善磁性最明显。

3.3.3 磁晶各向异性能的唯象理论

一般由于多晶体的织构和各向异性，冷轧和退火后的多晶体材料显示磁各向异性，多晶磁性材料在不同方向上具有不同的磁性能。除了晶粒度、夹杂物分布等冶金因素外，影响软磁材料质量的一个重要原因是材料内的织构。磁各向异性能为饱和强度矢量在铁磁体中取不同方向而改变的能量，磁晶各向异性能是与磁化强度矢量在晶体中相对晶轴的取向有关。晶体在没有受到外磁场作用的情况下，原子磁矩沿晶体的各易磁化方向排列。当有外磁场时，外磁场将改变偏离磁场方向的原子磁矩的方向，使之转向磁场方向，由此产生的晶体内能，叫磁晶各向异性能。显然，在易磁化方向上，磁晶各向异性能最小，而在难磁化方向上，磁晶各向异性能最大[11]，对铁 <100> 方向是易磁化方向，<111> 方向是难磁化方向。推导磁晶各向异性能的数学表达式，有两个重要的物理基础。其一，既然磁晶各向异性能依赖于自发磁化强度 M_s 对晶轴所取的方向，则磁晶各向异性能可以表示为 M_s 对晶轴方向余弦，这个 E_k 代表单位体积磁晶体内的磁晶各向异性能，α_i 代表 M_s 对某晶轴的方向余弦，这个函数为 $E_k = f(\alpha_i)$ 的形式。其二，由于晶体总具有宏观对称性，M_s 处于晶体对称位置，将其作镜面反映变换操作时，α_i 有可能改变符号，但 E_k 在对称位置上是不变的。即对称操作不能改变磁晶各向异性能；在立方晶体中，存在 ［110］ 和 ［$\bar{1}$00］ 等等效方向，若令方向余弦 α_1、α_2、α_3 代表空间某一方向，如图 3 - 7 所示。则磁晶各向异性能 E_k 只能是 α_i 的偶函数。立方晶体中还存在另一类等效的方向，任意两个相互对调之后，磁晶各向异性能不变，如[110]和[101]等。这就要求 E_k 的表达式必须是 α_1、α_2、α_3 的轮换对称式，综上得到立方晶体单位体积的磁晶各向异性能[12]表达式为：

$$E = k_0 + k_1(\alpha_1^2\alpha_2^2 + \alpha_3^2\alpha_2^2 + \alpha_3^2\alpha_1^2) + k_2\alpha_1^2\alpha_2^2\alpha_3^3 + \cdots$$
$$(3-2)$$

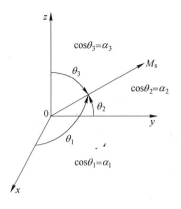

图 3-7 立方晶体中自发磁化的方向余弦

式中，k_0、k_1、k_2 为立方晶系的磁晶各向异性常数，其数值的大小随着不同材料而异，当 k_1、k_2 的值会随温度的变化而变化，在居里点处将变成零[13]。通常 k_2 系数项及后面各向异性能影响较小。α_1、α_2、α_3 为晶体坐标系中磁向量的方向余弦。从式（3-2）可推得三种类型的易磁化轴与 k_1、k_2 的关系，如表 3-1 所示。一般来说，磁晶各向异性常数大的物质，适于作永磁材料；磁晶各向异性常数小的物质，适于作软磁材料（表 3-2）。同时，在制备材料的过程中，若能有意识地将所有晶粒的易磁化方向都排列在同一特定方向，则该方向的磁性便会显著提高。硅钢在生产工艺上的冷轧退火、磁场热处理等，都是为了实现这一目的而采取的方法。

表 3-1 立方晶体中易磁化轴对 k_1、k_2 的要求[14]

易磁化轴	<100>	<110>	<111>
k_1、k_2 的数值变化	$k_1 > 0$ 和 $k_1 > -\frac{1}{9}k_2$	$0 > k_1 > -\frac{4}{9}k_2$	$k_1 < 0$, $k_1 < -\frac{4}{9}k_2$ 或 $0 < k_1 < -\frac{1}{9}k_2$

表 3-2 不同材料在室温下的磁晶各向异性常数

材料名称	晶体结构	$k_1/J \cdot m^{-3}$	$k_2/erg \cdot cm^{-3}$
Fe	立方	48.1×10^3	12×10^4
Ni	立方	-5.48×10^3	-2.47×10^4
Fe-4%Si	立方	32×10^3	—
坡莫合金（70%Ni）	立方	0.70×10^3	-1.7×10^4
Fe_3O_4	立方	-11.8×10^3	-28×10^4
Co	六角	412×10^3	143×10^4

从晶体宏观对称性出发推导的磁晶各向异性能的表达式，这种分析问题的方法，称为磁晶各向异性的唯象理论。从晶体的原子排列和原子内部的电子自旋与轨道相互作用的图像出发，计算磁晶各向异性能量的方法，通常称为磁晶各向异性的微观理论。唯象理论把磁性和方向的关系表达得直观明了，但要阐述磁晶各向异性的起因需要用磁晶各向异性的微观理论。

磁晶各向异性常数 k_1、k_2 可以用不同的试验方法进行测量，主要有磁化曲线法，测量转矩法、铁磁共振法和多晶体趋近饱和律法。测量转矩法在确定各向异性常数及其随温度和磁场的变化最精确。利用式（3-2）可以计算任意平面内的磁转矩曲线。Williams[15] 测出 Fe-3%Si 合金的 [100]、[110]、[111] 三方向的磁化曲线后，开始出现各种计算模型。在高磁场下，以磁畴转动的单矢理论最为成功[16]，自取向分别函数问世以来，人们才有可能准确、定量地研究多晶织构材料的磁性。1973 年 Hutchsion 等首先采用取向分布函数计算了无取向硅钢的磁转矩曲线；1976 年 Morris 计算了无取向硅钢的磁砖矩曲线、铁损及磁化率，并且得出了较满意的结果。但是他们都是从多晶材料间接回算出单晶体的性能参数，而不是从理论上直接计算出多晶性能。

3.3.4 磁晶各向异性能的计算与数学模型的建立

在忽略晶界影响的一级近似下，将由晶体学方向决定的单晶体的性质，沿试样被测方向进行计权平均，即已知单晶性能和织构状态，就可以预测出多晶材料的性能。

多晶体的各向异性能是织构、晶体数目的分布和晶界取向分布函数。另外，应该考虑晶体结构的不完善和不完善结构分布的影响。通常织构被看做最重要的因素。随着取向分布函数的发展，通过平均晶体各向异性公式和晶体取向分布函数可以得到平均磁晶各向异性能。本文在定量织构分析的基础上，由织构级数展开系数计算平均磁晶各向异性能。

设 $F(\theta,\varphi)$ 为由晶体学方向 (θ,φ) 决定的单晶体的某一性质，$t_{\alpha\beta}(\theta,\varphi)$ 为试样上被测方向 (β,α) 位于晶体学方向 (θ,φ) 处的几率（β、α 分别为被测方向相对于 $O-ABC$ 的极角和辐角），则得出在试样 (β,α) 方向的平均磁性 $\overline{F}(\beta,\alpha)$ [17]：

$$\overline{F}(\beta,\alpha) = \int_0^{2\pi}\int_0^{\pi} F(\theta,\varphi) t_{\alpha\beta}(\theta,\varphi) \sin\theta \mathrm{d}\theta \mathrm{d}\varphi \tag{3-3}$$

把 $F(\theta,\varphi)$ 和 $\overline{F}(\beta,\alpha)$ 展成级数，则：

$$F(\theta,\varphi) = \sum_{l=0}^{\infty} \sum_{n=-l}^{l} B_{ln} P_l^n(\cos\theta) \mathrm{e}^{-in\varphi} \tag{3-4}$$

$$\overline{F}(\beta,\alpha) = 2\pi \sum_{l=4}^{\infty} \sum_{n=-l}^{l} (-1)^n B_{ln} T_{ln}^-(\beta,\alpha) \tag{3-5}$$

式中，B_{ln} 为级数的 ln 项系数，$P_l^n(\cos\theta)$ 为连带勒让德多项式。对于立方晶系材料，由于对称性，使级数系数之间有相关关系，则式（3-4）变成：

$$F(\theta,\varphi) = B_{00} + B_{40}\{P_4(\cos\theta) + 2a_{44}[P_4^4(\cos\theta)\cos4\varphi]\} +$$
$$B_{60}\{P_6(\cos\theta) + 2a_{64}[P_6^4(\cos\theta)\cos4\varphi]\} + \cdots \tag{3-6}$$

式中，B_{00}、B_{40}、$B_{60}\cdots$ 为单轴性能参数；a_{ln} 为 W_{lmn} 与 W_{lm0} 之间的关系系数，$a_{44} = 0.5976143$，$a_{64} = -1.8708287$。

多晶材料任一方向 (β,α)，在轧面反极图上轴密度 $t_{\alpha\beta}(\theta,\varphi)$ 的级数表达式：

$$t_{\alpha\beta}(\theta,\varphi) = \sum_{l=0}^{\infty} \sum_{n=-l}^{l} T_{ln}(\beta,\alpha) P_l^n(\cos\theta) \mathrm{e}^{-in\varphi} \tag{3-7}$$

式中，$T_{ln}(\beta,\alpha)$ 为级数的第 ln 项系数，欲计算平均性质的方向位于轧面内并与 OA 成 α 角，则该方向在晶体学空间里的轴密度的 $t_{\alpha\beta}(\theta,\varphi)$ 可写成：

$$t_\alpha(\theta,\varphi) = \frac{1}{4\pi} + 2\pi\left(\frac{2}{9}\right)^{1/2} P_4(\cos\theta)[P_4(\cos90°)W_{400} +$$
$$2P_4^2(\cos90°)\cos2\alpha W_{420} + 2P_4^4(\cos90°)\cos4\alpha W_{440}] +$$
$$4\pi\left(\frac{2}{9}\right)^{1/2} P_4^4(\cos\theta)\cos4\varphi[P_4^4(\cos90°)W_{400} +$$

$$2P_4^2(\cos 90°)\cos 2\alpha W_{420} + 2P_4^4(\cos 90°)\cos 4\alpha W_{440}]a_{44} +$$

$$2\pi\left(\frac{2}{13}\right)^{1/2}P_6(\cos\theta)[P_6(\cos 90°)W_{600} + 2P_6^2(\cos 90°)\cos 2\alpha W_{620} +$$

$$2P_6^4(\cos 90°)\cos 4\alpha W_{640} + 2P_6^6(\cos 90°)\cos 6\alpha W_{660}] +$$

$$4\pi\left(\frac{2}{13}\right)^{1/2}P_6^4(\cos\theta)\cos 4\varphi[P_6(\cos 90°)W_{600} + 2P_6^2(\cos 90°)\cos 2\alpha W_{620} +$$

$$2P_6^4(\cos 90°)\cos 4\alpha W_{640} + 2P_6^6(\cos 90°)\cos 6\alpha W_{660}]a_{64} + \cdots \tag{3-8}$$

则：

$$\overline{F}(\alpha) = \int_0^{2\pi}\int_0^{\pi}F(\theta\varphi)t_\alpha(\theta\varphi)\sin\theta\mathrm{d}\theta\mathrm{d}\varphi$$

$$= B_0 + 4\pi^2\left(\frac{2}{9}\right)^{1/2}(1 + 2a_{44}^2)[P_4(0)W_{400} + 2P_4^2(0)\cos(2\alpha)W_{420} +$$

$$2P_4^4(0)\cos 4\alpha W_{440}]B_4 + 4\pi^2\left(\frac{2}{13}\right)^{1/2}(1 + 2a_{64}^2)[P_6(0)W_{600} +$$

$$2P_6^2(0)\cos 2\alpha W_{620} + 2P_6^4(0)\cos(4\alpha)W_{640} + 2P_6^6(0)\cos(6\alpha)W_{660}]B_6 + \cdots$$

$$\tag{3-9}$$

上式简写成：

$$\overline{F}(\alpha) = B_{00} + B_{40}T^4(\alpha) + B_{60}T^6(\alpha) + \cdots \tag{3-10}$$

式中，$T^l(\alpha)$ 为与织构内容有关的系数。

从上面可以看出已知材料织构和单晶体性能参数，可以计算出多晶板面内若干不同方向性能 $\overline{F}(\alpha_i)$。同时，测量硅钢板面内若干不同 α 方向性能 $\overline{F}(\alpha_i)$ 值后，按最小二乘法处理：

$$\sum_{i=1}^n\frac{\partial}{\partial B_{j0}}[B_{00} + B_{40}T^4(\alpha) + B_{60}T^6(\alpha_i) + \cdots - \overline{F}(\alpha_i)]^2 = 0 \tag{3-11}$$

通过上式由实验中检测硅钢不同 α 的不同测量值 $F(\alpha)$ 磁性能，推导得到单晶体性能参数 B_{00}、B_{40}、B_{60}、$\cdots$。这样就可以根据式（3-10）计算出硅钢的磁晶各向异性能，从而可以预测无取向硅钢的磁性能。

3.3.5   单晶性能参数的确定

设有 m 个不同的 α_i 的实验值 $F(\alpha_i)$，按最小二乘法处理，使

$$\sum_{i=1}^n\frac{\partial}{\partial B_{j0}}[B_{00} + B_{40}T^4(\alpha_i) + B_{60}T^6(\alpha_i) + \cdots - \overline{F}(\alpha_i)]^2 = \sigma$$ 达到最小值，即有：

$$\frac{\partial\sigma}{\partial B_{j0}} = \sum_{i=1}^n\frac{\partial}{\partial B_{j0}}[B_{00} + B_{40}T^4(\alpha_i) + B_{60}T^6(\alpha_i) + \cdots - \overline{F}(\alpha_i)]^2 = 0 \tag{3-12}$$

解方程组求出单晶性能参数 B_{j0}，即 B_{00}、B_{40}、$B_{60}\cdots$，利用织构数据从而可以确定硅钢带的磁性能。

根据单晶性能参数 B_{00}、B_{40}、B_{60}，通过织构的测量，可计算与轧向成任意角度 α 方向上的磁性，为硅钢磁性随工艺变化的研究提供理论基础。

3.4 磁畴结构

磁畴结构是磁性材料性能好坏的内因，磁畴结构与磁性之间存在内在联系，如果找到这种内在联系，就可以预测磁性材料的某些磁性。在铁磁体中，相邻原子间存在着非常强的"交换耦合作用"，使得在无外磁场作用时，这个相互作用促使相邻原子的磁矩平行排列起来，形成一个自发磁化达到饱和状态的区域，自发磁化只发生在微小区域内，这种自发磁化的小区域称为磁畴。铁磁材料在居里温度以下，在单晶体或多晶体中晶粒内形成很多小区域，每个小区域内的原子磁矩沿特定方向排列，呈现均匀的自发磁化，如图 3 – 8 所示。宏观物体一般总是具有很多磁畴，这样，磁畴的磁矩方向各不相同，结果相互抵消，矢量和为零，整个物体的磁矩为零，它也就不能吸引其他磁性材料。也就是说磁性材料在正常情况下并不对外显示磁性。当铁磁体处于外磁场中时，那些自发磁化方向和外磁场方向成效角度的磁畴其体积随着外加磁场的增大而扩大并使磁畴的磁化方向进一步转向外磁场方向。另一些自发磁化方向与外磁场方向成大角度的磁畴其体积则逐渐缩小，使得与外磁场方向接近一致的总磁矩得到增加。即只有当磁性材料被磁化以后，它才能对外显示出磁性，如图 3 – 9 所示。

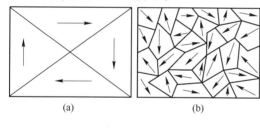

图 3 – 8　单晶体和多晶体磁畴结构示意图
（a）单晶磁畴结构；（b）多晶磁畴结构

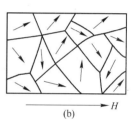

图 3 – 9　磁畴
（a）无外磁场；（b）有外磁场

磁畴（magnetic domain）理论是用量子理论从微观上说明铁磁质的磁化机理，可以解释铁磁体的磁化过程、磁滞现象、磁滞损耗等。磁畴结构包括畴壁的磁矩的变化方式、磁畴的大小和形状等几部分。

3.4.1 磁畴和畴壁的产生

1926 年 Heisenberg（海森堡）用量子力学中的交换力解释了磁偶极子间相互作用的起源。1935 年 Landau 和 Lifshitz 从磁场能量的观点说明了磁畴的成因。通常情况下，铁磁材料内部出现磁畴结构，是为了降低由于自发磁化所产生的静磁能。从能量角度来看，任何材料中实际上存在的磁畴结构一定是能量最小的。实验证明，磁畴结构的形式以及在外部因素（磁场、应力）作用下的变化，直接决定了磁性材料技术性能的优劣。因此，磁畴结构决定了磁性材料的磁性能。材料的技术磁化过程就是在外磁场作用下磁畴的运动变化过程，所以磁畴结构直接影响磁性材料的磁化行为。

自发磁化是通过交换力使原子磁矩平行排列，此时交换能量最低。考虑如图 3 – 10（a）所示有限大小的单磁畴，整个铁磁体均匀磁化而不分磁畴的情况下，由于磁化，其表面出现 N、S 磁极，分别集中在两端。所产生的退磁场分布在整个铁磁体附近的空间内，因而退磁场强度高，也就是静磁能很高。铁的单位体积的退磁能约为 10^4 J。如果分割成两个或若干个磁化相反的小区域，如图 3 – 10（b）所示的磁畴分割，使磁畴的体积变小，退磁场主要集中在铁磁体两端附近，所以使静磁能降低。铁的单位体积内退磁能与畴壁能之和为 5.6×10^6 J。计算表明，如果分为 n 个区域，能量约可以降低到 $1/n$，如图 3 – 10（c）所示。若在表面附近，形成磁通回路完全闭合的磁畴结构，则静磁能变为零，这种磁畴结构称为闭路磁畴。

单纯从静磁能来看，自发磁化趋向于分割成为磁化方向不同的磁畴。分割越细，静磁能也越低。但相邻磁畴之间的畴壁处破坏了两边磁矩的平行排列，这使交换能增高。为减少交换能的增高，相邻磁畴之间的原子磁矩不是突然转变的，而是经过一个磁矩方向逐渐变化的过渡区，此过渡区就是畴壁，如图 3 – 11 所示。畴壁中磁化强度的方向逐渐变化，最终转到相反的方向。在畴壁内原子磁矩不是平行排列的，同时也偏离易磁化方向，所以在过渡区域内的交换能的磁晶各向异性都增高了，所增高的能量称为畴壁能。磁畴分割越细，畴壁数量越多，总的磁畴能越高。因此当所增高的畴壁能超过减少的静磁能时，磁畴就不会再分割了，此时系统的总自由能最低。一般来说，大块铁磁体分割成磁畴的原因是短程强交换作用和长程静磁相互作用的共同作用的结果。

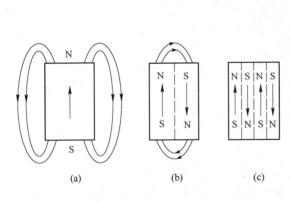

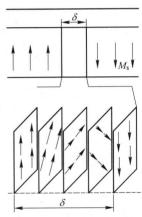

图 3 – 10 磁畴形成示意图　　　　　图 3 – 11 畴壁中磁矩过渡方式

实验观察到一种闭合磁畴。图 3 – 12 中小三角形表示封闭磁畴的截面。这种磁畴为附加磁畴，它封闭了主磁畴的两端，使磁通量闭合在磁体内部，不向空间发散，因此端面上不出现磁极，消除了退磁能，从而进一步降低了退磁能。闭合畴中的磁化方向与主畴中的磁化方向是相互垂直的，所以两者之间的畴壁中的磁化方向为 90°壁。立方晶体中的闭合畴的磁矩和主畴的磁矩都在易磁化方向上，磁晶各向异性能最低。此时只考虑畴壁能和磁弹性能。对于 $K_1 > 0$ 的立方晶体的（100）面上，有两个易磁化轴，故主畴与封闭畴的 M_s 均在易磁化轴上，而且由于晶体的长度方向就是 [100]，所以磁畴结构是典型的封闭畴。

在三轴单晶材料（如 Fe、Ni）的表面上，有时出现从磁畴界限出发，向两边主轴做斜线伸展的树枝状磁畴。这种树枝状磁畴也是一种附加畴，产生的原因和闭合畴相似，起到减低退磁能的作用。它与主畴之间的畴壁也是 90°壁。图 3 – 13 为三种铁磁性物质的磁畴。

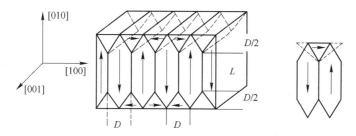

图 3 - 12 立方晶体[100](001)面上的磁畴结构

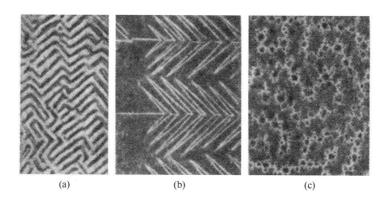

图 3 - 13 三种磁性物质的磁畴

（a）纯铁；（b）硅铁；（c）钴

3.4.2 磁畴壁种类

相邻磁畴间的过渡层称为畴壁，其厚度大约等于几百个原子间距。由于材料的易磁化方向不同，相邻磁畴的自发磁化强度可以形成几种不同的角度。

（1）按畴壁两侧磁矩方向的差别分：90°、180°畴壁。在畴壁两边磁化方向如果相差180°，则称为180°壁；如果相差90°，称为90°壁；在磁中性状态下，对于易磁化轴为<100>的立方晶体，相邻磁畴的自发磁化强度之间的夹角可以为180°、90°。如果相差介于90°和180°之间，例如对于 $K_1 < 0$ 的易磁化方向为<111>立方晶体，相邻磁畴的自发磁化强度之间的夹角为180°、109.47°和70.53°。这些角度的确定很容易从不同的易磁化方向之间，在空间所称角度中求出。与此相应的畴壁，称为180°壁、109.47°壁和70.53°壁。又因为它们接近于90°，一般也称为90°壁。

（2）按畴壁中磁矩转向的方式可分为：

1）布洛赫（Bloch）壁。在大块晶体中，当磁化矢量从一个磁畴内的方向过渡到相邻磁畴内的方向时，转动的仅仅是平行于畴壁的分量，垂直于畴壁的分量保持不变，这样就避免了在畴壁的两侧产生磁荷，防止了退磁能的产生。这种结构的畴壁称作 Bloch 壁。在畴壁面上无自由磁极出现，但晶体上下表面却会出现磁极。如图 3 - 14（a）所示。

2）奈尔（Néel）壁。Bloch 畴壁多见于块体状磁性体中，壁内的自旋取向始终平行于畴壁面转向，在很薄的材料中，畴壁中磁矩平行于薄膜表面逐渐过渡，这种结构的畴壁称作奈尔（Néel）壁。由于壁内的自旋取向始终平行于薄膜表面转向，在畴壁面内产生了磁荷和退磁场，畴壁两侧表面会出现磁极而产生退磁场。奈尔壁稳定程度与薄膜厚度有关，如图 3－14（b）所示。

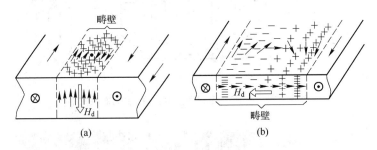

图 3－14　磁畴壁的种类

(a) Bloch 畴壁；(b) Néel 畴壁

当铁磁体尺寸很小时，如微粒或薄膜，即使不加外磁场，铁磁体也不分割成磁畴，而沿某一特定方向自发磁化，这称为单畴体或单畴粒子。也就是说根据材料的磁性存在一个临界尺寸。当物体体积小于临界尺寸时就不再形成磁畴。

3.4.3　不均匀物质的磁畴

在工程中，实际使用的材料大多是多晶体材料，其结构是不均匀的，存在有应力、夹杂物或空洞等，从而使磁畴结构变得复杂。一般多晶体中的晶粒取向是杂乱的，每个晶粒中有多个磁畴（也有一个磁畴跨越两个晶粒的），磁畴尺寸大小、形状及畴壁结构与晶粒尺寸有关。在同一晶粒内，各磁畴的磁化方向有一定关系，但在不同晶粒之间由于易磁化轴方向的不同，磁畴的磁化方向就没有一定的关系。就整个材料而言，因为有各种方向磁畴，磁化表现为各向同性，如图 3－15 所示。

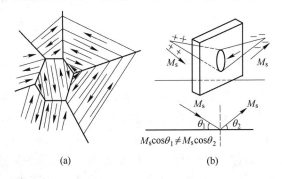

$$M_s\cos\theta_1 \neq M_s\cos\theta_2$$

(a) 　　　　(b)

图 3－15　多晶体中磁畴分布及晶界上的附加畴

(a) 多晶体中的磁畴分布；(b) 晶界面上的附加畴

由图 3－15 可看出，多晶体中每个晶粒分成片状磁畴。当跨过晶界时，磁化方向转了个角度，而磁通量大多是连续的，这可使晶界处出现的磁极数量减少，退磁能就比较低，磁畴结构才能保持稳定。多晶体中磁畴结构的稳定状态是相邻晶粒中磁畴取向尽可能使晶界面上少出现自由磁荷，使退磁场能极小。此外，当晶界面上退磁场能足够高时，会形成一定大小的楔形附加畴。对（100）<001> 高取向硅钢来说，由于各晶粒的 ［001］ 易磁化方向近似平行排列，所以主要为 180°片状磁畴，退磁能很低。

磁性材料内部如果有应力，夹杂物或空洞都使磁畴结构更加复杂。由图 3－16 可以看出，在一夹杂物或空洞处出现磁极，因而会产生退磁场，图 3－16（a）所示。退磁场在离磁场不远的区域内的方向与原有的磁化方向有很大的差别，局部区域相差 90°。造成这些地区在新的方向上磁化，并形成附着夹杂物上的楔形附加磁畴，如图 3－16（b）、（c）

所示。其磁化方向垂直主畴方向，两者之间形成90°壁，但在磁畴上仍出现磁极，只是分散在较大面积上，所以退磁能降低。

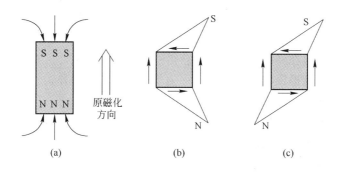

图 3-16 夹杂物或空洞上的楔形磁畴

(a) 退磁场；(b)，(c) 楔形畴

　　夹杂物和空洞对畴壁有很大的影响，如图3-17所示。

　　当夹杂物在两个磁畴之间，即畴壁经过夹杂物情况，界面上的 N 和 S 级半数的位置是交换的，退磁场较小，而且由于部分畴壁位置被夹杂物占据，畴壁面积减少，所以总畴壁能减少，畴壁跨过夹杂物就比较容易。如果夹杂物处在同一磁畴中，即畴壁经过夹杂物附近的情况，界面上的 N 和 S 级分别集中在一边，退磁能的总畴壁都比较大。

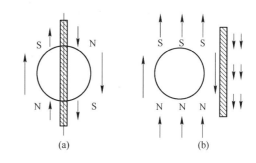

图 3-17 畴壁在夹杂物附近及经过夹杂物或空隙

(a) 畴壁经过夹杂物或空隙；(b) 畴壁在夹杂物或空隙附近

所以畴壁横跨夹杂物或空洞就此处于它们近旁的要稳定。要把磁畴壁从横跨夹杂物或空洞的位置移开，必须外磁场做功。所以材料总夹杂物或空隙越多，畴壁磁化越困难，材料磁导率 μ 越低（比如铁氧体的 μ 很大程度上取决于内部结构的均匀性、掺杂物与空隙的多少）。夹杂物或空洞对畴壁的移动起到钉扎的作用。当畴壁经过空洞或夹杂物，或经过它们的附近时，在夹杂物处产生楔形畴以降低退磁能。这些楔形畴还会把附近的畴壁连接起来。

　　一般情况下，在铁磁晶体中，由于制备工艺过程与热处理条件的不同，其内部存在的应力分布也不同，应力将随晶体内部的位置不同而变化。

　　如果应力分布只有大小变化，而无性质变化。由于应力 σ 随着位置 x 而变化，所以畴壁能密度[$\gamma_\omega \approx 2(K_1 + 3\lambda_3\sigma/2)$]也随位置变化，其最小值出现应力最小值处。180°壁应位于 $\sigma(x)$ 分布最小的位置。但180°壁仅占据 $\sigma(x)$ 分布最小位置的一部分，畴壁的多少或畴的多少应由能量极小值决定。如果应力分布不仅有大小变化，而且有性质的变化，则在每一个应力性质交换处必定有一个90°壁，而且应力能与畴壁能均为最小，形成稳定的磁畴结构。

3.5 技术磁化过程

磁性材料在退磁状态，即在没有宏观磁化强度下，在外磁场的作用下，磁畴结构从磁中性状态到饱和状态的过程，称为磁化过程，也就是外加磁场把铁磁材料中经自发磁化形成的各磁畴的磁矩转移到外磁场方向或接近外磁场方向，而显示出磁性的过程，即使原来不显示磁性的铁磁材料在外磁场的作用下获得磁性的过程。反之，在外磁场作用下，磁畴结构从饱和状态返回到退磁状态的过程，称为反磁性过程。磁化过程，包括畴壁位移和磁畴磁化强度的转动两个过程。

在外磁场作用下磁畴结构的变化是通过畴壁移动和磁畴内自发磁化矢量转动两种磁化方式进行的。畴壁位移的实质是靠近畴壁的磁矩局部转动的过程。任何磁性材料的磁化和反磁化都是通过这两种方式来实现的。对软磁合金来说，磁化都是从畴壁移动开始，再进行磁畴转动。整个磁化过程按磁化曲线和磁畴结构的变化大致可分为以下 4 个阶段：

第一阶段是畴壁的可逆位移。在外磁场较小时，与 H 方向相似的磁畴通过畴壁的移动使磁畴的体积扩大，造成合金磁化。如图 3-18 中的磁化曲线起始部分和图 3-19（a）所示。这时若把外磁场去掉，当 H 减小为零时，与 H 方向相反或相差较多的磁畴者略减小，畴壁又会退回原地，合金将回到磁中性状态。由此可见，畴壁在这个阶段的移动是可逆的。

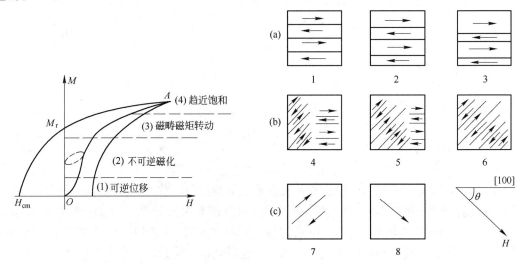

图 3-18　磁性合金的磁化过程和磁化曲线

图 3-19　磁化过程各个阶段的磁畴结构示意图
（a）畴壁位移；（b）磁畴结构的突变；
（c）磁畴磁矩的转动

第二阶段畴壁不可逆移动，是不可逆的磁化。随着外磁场 H 的增大，磁化曲线上升很快，即合金的磁化强度急剧增加。这是因为畴壁发生跳跃式移动（此称巴克豪森跳跃（Barkhausen jump）），或磁畴结构产生了突变。这个过程是不可逆的，即使外磁场降回到原来的数值，畴壁的位置或磁畴结构也并不恢复到原来的样子。反映在磁化曲线上，磁化强度不会沿着原来的曲线下降，而是沿小回线循环。

第三阶段是磁畴磁矩的转动。随着外磁场 H 的继续增高，合金内的畴壁移动已基本完毕，这时只有靠磁畴磁矩的转动才能使磁化强度增加。就是说，磁畴磁矩的方向，由远离外磁场的方向，逐渐向外磁场方向靠近，结果在外磁场方向的磁化强度增大，直到磁畴磁化矢量转到与 H 方向一致而达到饱和磁化为止。一般情况下磁畴磁矩的转动，既有可逆的，也有不可逆的，同时发生于这一阶段。

第四阶段是趋近饱和的阶段。这时尽管外磁场增加很大，磁化强度的增加却很小。磁化强度的增加都是由于磁畴磁矩的可逆转动造成的。图 3-19 示出各阶段磁畴结构的变化。

反磁化过程就是磁性材料经过外磁场的磁化，达到饱和以后，若将外磁场去掉，则其磁化强度并不为零，而是具有一数值 M_t（剩余磁化强度）。只有在反方向上再施加外磁场后，才能使磁化强度逐渐恢复到零。磁化强度为零时的外磁场称为内禀矫顽力 H_{cm}。在这段过程中，磁化强度的减小起初很慢，逐渐加快，后来急剧下降。除开始一小段外，大部分是不可逆过程。磁畴的磁矩转动和畴壁位移所占的分量在各种材料中是很不同的。当磁场继续在相反方向加强，磁化强度才由零向这时的磁场方向（与原来磁化的相反方向）增加，直到饱和。这一阶段的开始一段是上一阶段的连续，后半段主要是磁矩转动过程。从磁畴结构变化的角度来看，磁化过程的四个阶段又可分为为两种基本的方式：（1）畴壁的移动；（2）磁畴磁矩的转动。它们都可能发生在上述过程的每一个阶段。任何磁性材料的磁化和反磁化，都是通过这两种方式来实现的，至于这两种方式的先后次序，则需根据具体情况而定。譬如在磁化的第一阶段中，对于大多数的磁性材料来说，主要是畴壁的可逆位移。

磁化过程和反磁化过程可分别用磁化曲线和磁滞回线描述。图 3-20 中 A 点代表一个方向的磁化饱和状态，由 A 沿箭头到 B，即曲线 1 所代表的是一个反磁化过程。从 B 点沿曲线 2 回到 A 点，这是对 B 所代表的饱和状态的反磁化过程。这两条曲线合成一个磁滞回线，表示反磁化过程中的磁滞现象。反磁化过程中磁化强度的变化在各个阶段的情况虽大致与磁化过程相类似，但磁畴结构的变化是不同的。磁性材料的磁化曲线和磁滞回线既随材料类型及外界条件而异，也与材料样品经历的磁状态有关。它们是技术磁性的重要表征。

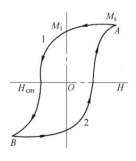

图 3-20　磁滞回线

磁化曲线和磁滞回线的形状不同，代表了磁性材料静态性能的不同。可用以下参数描述，即起始磁导率 μ_i；最大磁导率 μ_m；饱和磁感应强度 B_s；矫顽力 H_c；剩磁 B_r；最大磁能积 $(B \cdot H)_m$；磁滞损耗 P_h。这些参数除 B_s 外，都与磁畴结构的形式及其运动变化有关，如果我们通过各种手段改变磁畴的结构，就可以得到性能优异的磁性材料，磁畴结构的形式和运动变化是磁性好坏的内因。工程实际中使用的磁性材料，虽种类很多，但材料内部都存在着磁畴结构，只是它们磁畴结构和运动变化的方式不同，亦即它们的磁化曲线好磁滞回线的形状不同，以满足工程上的不同需求。如发电机铁芯用的无取向硅钢及变压器铁芯用的取向硅钢，它的磁滞回线又窄又长，面积很小，这样可以减少电机和变压器的铁损，提高设备的电能利用率。

图 3-18 中的磁化曲线 OA 详细反映了磁化过程的四个阶段。不同性质材料的磁化曲

线其形状是不同的。如抗磁性、顺磁性和反铁磁性材料的磁化曲线为通过原点的直线。而铁磁性或亚铁磁性材料的磁化曲线，在低于居里温度时，通常为一条曲线，并且同时具有磁滞现象特征。所谓磁滞，就是指在磁化和反磁化过程中，磁感应强度 B 或磁化强度 M 随 H 的改变产生不可逆变化"滞后"的现象，它与 H 变化的速率无关。

磁滞回线的形状共有 6 种，如图 3-21 所示，即狭长形、肥胖形、长方形、退化形、蜂腰形和不对称形。各种形状的回线有其不同的应用范围，它们有一个共同特点，就是随着 H 的循环变化，B 或 M 的变化方向都是按图 3-20 的箭头方向进行的，为正规的磁滞回线。软磁材料的磁滞回线如图 3-22 所示。

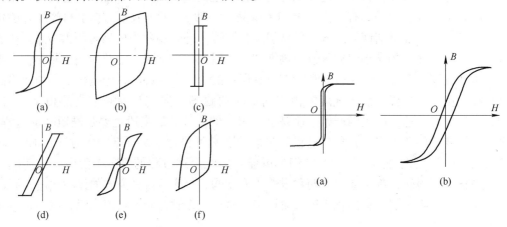

图 3-21   6 种不同形式的磁滞回线
（a）狭长形；（b）肥胖形；（c）长方形；
（d）退化形；（e）蜂腰形；（f）不对称形

图 3-22   软磁材料的磁滞回线
（a）软磁材料 1；（b）软磁材料 2

在畴壁移动或畴壁转动过程中都会受到阻力。畴壁移动的阻力主要来自内应力和磁致伸缩的作用，因为在畴壁移动过程中磁体的各种能量发生变化，这些能量包括外磁场能、畴壁能、磁体内因应力和磁致伸缩引起的磁弹性能。在一定条件下，各种能量的变化往往不是同等重要的，因此一般考虑最主要的两种能量。例如 180° 畴壁移动时不考虑磁畴内的磁弹性能。如果磁体磁化均匀又可略去杂散磁场能的变化，这样，决定畴壁移动的能量主要是外磁场能和畴壁能两项。而在 90° 畴壁移动时主要考虑外磁场能和磁畴内的磁弹性能。畴壁能是由磁晶各向异性能和应力能两部分组成。由于在实际晶体中内应力一般是紊乱分布的，并且随位置不同而发生变化。因此，在畴壁位移过程中，畴壁能的变化主要来源于内应力随位置的变化。畴壁位移遇到夹杂物时能量也发生变化，这些能量的变化都造成畴壁位移的阻力。

磁畴转动过程的阻力来自于磁晶各向异性，主要克服磁晶各向异性能。因为磁畴的自发磁化矢量都是位于易磁化方向，此时各向异性能量最低。当磁体在某方向加磁场磁化时，必须克服磁各向异性能。对 K_1 小的材料来说，这种各向异性能可由感生磁各向异性或由应力与磁致伸缩耦合形成的磁各向异性组成。

3.6   在交变磁场中的磁化

将铁磁体或亚铁磁体置于强磁场中，磁体中的磁化会逐渐趋向于外磁场方向，但变化是需要时间的。初始磁导率越高，对外磁场的响应速度越快，但总会有一定的滞后[18]。在直流或缓慢变化的准静态磁场下，各磁化状态是亚稳状态，完全不考虑 B 和 H 随时间的变化。但软磁材料一般都用于交流磁场中，铁磁体在磁化过程中加一定的磁场 H 后，它的磁化状态并不能立即达到它的终值，而需要有个时间过程，也就是弛豫过程。因此在交变磁场中磁化时，B 和 H 之间出现相位差，这产生了附加的损耗而使交流下的磁滞回线面积变大，而形状和大小也随磁场频率改变而变化。另一方面，在交变场中磁化时，因其中磁通量的迅速变化而引起显著的涡流效应及趋肤效应。对材料的交流磁性有明显影响，同时也产生涡流损耗和其他损耗。图 3–23 为在同一频率下，改变交变磁场大小进行磁化的动态磁化曲线和磁滞回线。在动态曲线上任一点 B_m 与 H_m 的比值 $B_m/\mu H_m$ 称为振幅磁导率。当磁场减少或磁场频率增加时，回线形状逐渐趋于椭圆形（图3–23）。

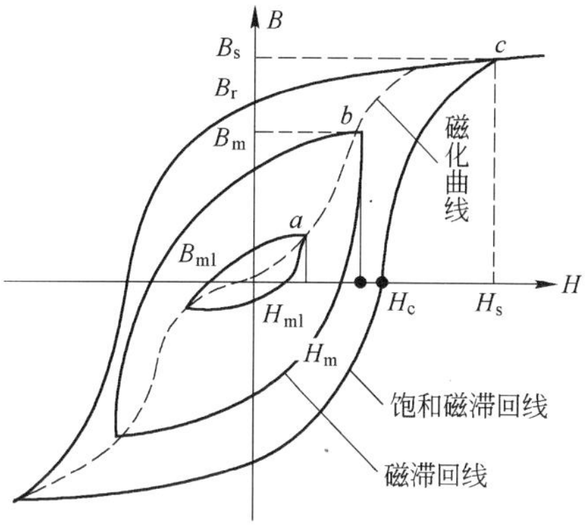

图 3–23 动态磁滞回线和磁化曲线

对于不同的铁磁体材料，磁化的难易程度各不相同，可用磁导率 μ 来描述这种性质。在恒稳场中，μ 为实数，在交变场中，μ 为复数，原因在于有一相位差 δ（时间效应）。

技术磁化中所研究的是在一定磁场下的稳定磁化状态，因而完全不考虑磁化状态趋于稳定这一过程的时间问题。在恒稳场中，磁化不随时间变化，而在交变场作用下，铁磁体处于迅速变化的磁场 H 中，磁化状态趋于稳定需要一定的弛豫时间 τ，而 B 落后于 H 相位差 $\delta(\delta = \omega\tau)$——动态磁化的时间效应。

由于产生 B 落后于 H 一相位差 δ 的原因不同，故磁化的时间效应表现为以下几类不同的现象：

（1）磁滞现象。虽然在不可逆的静态磁化过程中也有磁滞现象，但磁化不随时间变化，而交变磁场中的磁化是动态的，有时间效应。

（2）涡流效应。由于在交变磁化过程中，每一磁化强度的变化都会在它周围产生感应电流，这种电流在铁磁体内形成闭合回路，构成涡流，而涡流会导致磁化的时间滞后效应，成为相差 δ 的来源之一。涡流又产生抵抗磁感应强度变化的磁场，所以导致磁化的时间滞后现象。由于涡流以及 B 的变化滞后于 H 的变化，B 的振幅由铁磁体表面向内逐渐减弱，这称为趋肤效应。

（3）磁导率的频散和吸收现象。在交变场作用下，铁磁体内的壁移与畴转受到各种不同性质的阻尼作用，因此在较高频率的交变场中，铁磁体的复数磁化率与复数磁导率将随 f 而变化，这称为磁导率的频散与吸收现象。这种现象一般在 10^6Hz 以上才出现，此时涡流效应将其他效应都掩盖了，因此对一般软磁合金不考虑。

（4）磁后效及老化现象。铁磁材料在不同条件下，由于磁化过程本身或者热起伏的影响，引起内部磁结构或晶格结构的变化——称为磁后效。其一种表现为：当 H 发生突变时，相应的 B 的变化在 H 已稳定后还需要若干时间才能稳定下来（在低温下这一效应更为显著）——过很长时间的磁后效及老化现象。

在交变场作用下，以上 4 种现象均会引起铁磁体中的能量耗损。

磁性材料在交变场中会发热，即磁材的能量损耗。一个磁性元件的总损耗应包括磁化线圈的铜损耗与材料本身的磁损耗。由于线圈中的电阻造成的损耗，称为铜损；由于磁性材料本身在磁化和反磁化过程中所损耗的能量，称为磁损耗或铁芯损耗，简称铁损。铁损 P_T 是由磁滞损耗 P_h、涡流损耗 P_e 和剩余损耗 P_c 组成。铁损 P_T 既决定于材料，也决定于该材料在交变磁场中的工作频率 f 和磁感应强度 B_m 值。所以讨论 P_T 的大小指标时，须同时注明 f、B_m 以及温度 T。电阻率升高，涡流损耗降低，金属磁性材料的涡流损耗大于铁氧体的。由涡流产生的磁场大小由表面向内部逐渐增加，故在均匀的磁场 H 中磁化时，铁磁体内部的实际磁场不均匀，所以铁磁体内的磁化及 B 也不均匀。

磁导率高的材料或使用频率高的情况下，趋肤效应的影响特别严重。提高电阻率是有效减小趋肤效应的主要方法。趋肤效应的存在，相当于减小了铁磁体的有效面积，从而降低了材料的利用率。所以可以将材料做成空心器件以减少材料浪费。降低涡流损耗的途径有减小材料厚度，将材料轧成薄片并涂上绝缘层和提高材料电阻率。

参 考 文 献

[1] 何忠治. 电工钢 [M]. 北京：冶金工业出版社，1997.

[2] R. C. 奥汉德利. 现代磁性材料原理和应用 [M]. 化学工业出版社，2002.

[3] Szpunar J, Ojanen M. The Relationship between Texture and Magnetic Propertes in Fe – Si Steel [J]. Metall. Trans. , 1975, 6A：561~567.

[4] 左良，王沿东. 广义矢量法预估多晶体材料的磁晶各向异性 [J]. 金属学报，1990, 26（4）：297~299.

[5] San – Chul Shia, Chung – Suk Kim. A New Method for Analyzing Torque Curves of Uniaxial Anisotropic Materials [J]. IEEE Trans Magn, 1991, 27（6）.

[6] N Nev Bertram, Zhu Jian – gang. Simulations of Torque Measurements and Noise in Thin Film Magnetic Recordingm Edia [J]. Proc IEEE, 35.

[7] J Szpunar, M Ojanen. Texture and Magnetic Properties in Fe – Si steel [J]. Metallurgical and Materials Transactions A, 1975, 6（3）：561~567.

[8] Zuo Liang, et al . Prediction of Magneto Crystalline Anisotropy of Polycrystalline Materials with Generalized Vector method [J]. ACTA Metallurgica Sinica, SeriesB, 1991, 4（1）：66~69.

[9] 王朝群. 金属板材成型性参数的预测方法 [J]. 中国有色金属学报，1997, 7（1）：84~87.

[10] W. Mao, et al. Relationship Between Texture, Magnetic Induction and Maximum Magnetic Permeability of Si steels, Proceedings of the Twelfth International Conference on Textures of Materials [M]. Canada, 1999, 511~517.

[11] 张世远，路权，等. 磁性材料基础 [M]. 北京：科学技术出版社，1988：52.

[12] Biter F. Introduction to ferromagnetism [M]. Mac Graw – Hill, 1937：213.

[13] 钟文定. 铁磁学（中册）[M]. 北京：科学出版社，1987.

[14] 钟文定. 铁磁学（上册）[M]. 北京：科学出版社，2009.

[15] H. J. Williams. Magneticp Roperties of Singlec Rystals of Silicon Iron [J]. phys. Rev, 1937, 52：747.

[16] K. H. 斯图阿. 铁磁畴 [M]. 北京：科学出版社，1960：17.

[17] 王沿东. 冷轧无取向硅钢片磁性能的计算及多晶磁各向异性理论探讨 [D]. 沈阳：东北大学，1989 .

[18] 田民波. 磁性材料 [M]. 北京：清华大学出版社，2001：160.

4 无取向硅钢热轧织构与显微组织

4.1 概述

无取向硅钢通用的工艺流程如图4-1所示。对1.5% Si钢，一般采用不经常化的一次冷轧法。对大于2% Si钢，多采用常化和一次冷轧法。

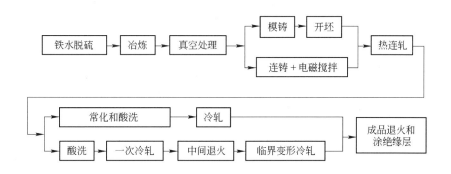

图4-1 无取向硅钢的通用制造流程

影响硅钢磁性能的因素很多，其中热轧工艺过程的组织及织构对产品性能有重要的影响，对后续工艺过程具有遗传性，是硅钢制造的关键技术。因此搞清热轧硅钢的组织和织构，具有重要意义。

热轧过程非常复杂，很难进行准确定量描述。在热轧工艺中许多变量对热轧过程都有重要的影响。除常见的变形温度、应变速率、变形量外，由于热轧是在降低温度条件下，连续变形或多阶段的道次应变下进行，因此变形过程中的冷却速度，每道次变形之间的间歇时间，间歇时的温度，热效应以及金属形变后的最终冷却速度，都对热轧过程的流动应力、金属塑性、金属内在的组织结构有重要的影响。

合理地控制上述变量，可降低变形抗力，提高塑性以利于成型，改进和保证产品的组织性能，减少缺陷。因此实际生产中，采用控制轧制等工艺控制上述诸变量。

热轧过程中的流动应力、塑性和显微组织取决于变形时的加工硬化，动态回复或动态再结晶以及多次变形之间停歇时间内的静态回复、静态再结晶、亚动态再结晶所形成的显微组织。而这些形态的回复和再结晶取决于对上述诸变量的控制[1]。

目前冷形变织构和再结晶织构研究得比较多[2]，而由于样品制备的难度大，至今对热轧硅钢织构的研究很少。本章以工业用无取向硅钢热轧板为基础，讨论热轧硅钢板织构沿厚度的变化以及硅含量和温度对热轧硅钢织构的影响规律。

4.1.1　热轧过程塑性变形分析

体心立方晶系（bcc）的电工钢是通过热轧和冷轧塑性加工制成的产品。热轧是冷轧电工钢塑性加工的第一步，热轧的同时伴随着回复和再结晶。热轧硅钢和冷轧硅钢轧制到规定厚度后，由于应力大，晶体缺陷多和晶粒拉长，而导致磁性低。必须经过合适的退火来提高磁性。冷轧板在退火时发生明显的回复、再结晶和晶粒长大过程。

在热轧变形过程中，回复、再结晶与加工硬化同时发生，加工硬化不断被回复或再结晶所抵消，而使金属处于高塑性、低变形抗力的软化状态。热轧变形时的软化过程比较复杂。它与变形温度、应变速率、变形程度以及金属本身的性质等因素密切相关。包括动态回复，动态再结晶，静态回复，静态再结晶，亚动态再结晶等。在热变形的间歇时间或者热变形完成之后，由于金属仍处于高温状态，一般会发生以下三种软化过程：静态回复、静态再结晶和亚动态再结晶。

动态回复和动态再结晶是在热轧变形过程中发生的。金属热变形时除少数发生动态再结晶情况外，会形成亚晶组织，使内能提高，处于热力学不稳定状态。而静态回复、静态再结晶和亚动态再结晶则是在热轧变形的间歇期间或热轧变形后，利用金属的高温余热进行的。变形停止后，若热轧变形程度不大，将会发生静态回复；若热轧变形程度较大，且热轧变形后金属仍保持在再结晶温度以上时，则将发生静态再结晶。静态再结晶进行得比较缓慢，需要有一定的孕育期才能完成，在孕育期内发生静态回复；静态再结晶完成后，重新形成无畸变的等轴晶粒。对于层错能较低的金属，在热轧变形时发生动态再结晶，热轧变形后则迅速发生亚动态再结晶。所谓亚动态再结晶，是指热轧变形过程中已经形成的，但尚未长大的动态再结晶晶核，以及长大到中途的再结晶晶粒被遗留下来，当变形停止后而温度又足够高时，这些晶核和晶粒会继续长大，此软化过程即称为亚动态再结晶。由于这类再结晶不需要形核时间，没有孕育期，所以热轧变形后进行得很迅速。由此可见，在工业生产条件下要把动态再结晶组织保留下来是很困难的。

在热轧过程中，通过钢的高温变形可以充分细化钢材的晶粒和改善其组织。研究表明，热轧过程中在每道次轧制是发生塑性变形，而在道次之间发生静态再结晶，如果钢中有细小的碳化物析出，则静态再结晶过程会受到一定阻碍。这种阻碍会引起多道次热轧后变形钢板内储存能的累积，进而导致动态再结晶发生[3]。不论动态再结晶还是热轧道次间的反复静态再结晶均有利于热轧钢板晶粒的细化。

热轧变形的主要方式是位错的滑移运动。无取向硅钢热轧时，随着变形量增加，位错不断运动和增殖、消失，位错密度 ρ 不断增加，最后达到饱和，材料产生加工硬化和软化[4]。热变形中位错滑移运动的动力主要是外加应力和由于变形温度高所带来的热激活驱动力，而阻力主要来自点阵阻力、缺陷间的交互作用及溶质气团、第二相粒子的"拖拽"和"钉扎"作用。由于热轧变形温度高，原子的运动及热振动能力增大，加速了原子的扩散过程和第二相质点的溶解过程，使"拖拽"或"钉扎"作用减弱、临界切应力降低[5]。

热变形时，在加工硬化过程的同时，也存在着回复或再结晶的软化过程，使塑性变形容易进行[6]。在热变形过程中，在金属中平行地完成两种互相竞争的过程——强化与软化。在外力作用下，位错密度的增大和位错间的相互作用会引起强化。软化过程是在于位错密度的减小以及位错的重新分布并形成能量上较为稳定的点阵[7]。

　　高牌号无取向硅钢在热变形时没有相变（在铁素体区），只发生动态回复的软化过程，变形的开始阶段，加工硬化大于动态回复的软化，变形应力不断增加，应力应变曲线呈近似直线；随着变形量的加大，位错密度增大，但位错的消失速度也增大，因此，加工硬化速度减弱。最后进入稳定变形阶段，此时加工硬化被动态回复引起的软化所抵消，变形所引起的位错增殖速率与动态回复所引起的位错消失速率几乎相等，达到了动态平衡。低牌号无取向硅钢热变形时由于经历奥氏体→双相区（奥氏体＋铁素体）→铁素体区相变。当在高温奥氏体区轧制时，将会发生动态回复和动态再结晶的软化过程。在变形的开始阶段，变形硬化大于动态软化，变形抗力不断增加；随着变形量的增加金属内部畸变能不断升高，畸变能积累到一定程度后发生动态再结晶，动态再结晶的发生与发展使更多的位错消失，变形抗力很快下降；动态再结晶发生后，随着变形的继续，一方面再结晶继续发展，另一方面已经动态再结晶晶粒又承受新的变形并开始发生第二轮的动态再结晶，其结果反映出一个近似不变的应力值。在低温铁素体区热轧时只发生动态回复引起的软化。在双相区热轧时将发生奥氏体完全动态再结晶、部分再结晶、未再结晶和铁素体完全动态再结晶、部分再结晶、未再结晶等多个不同的物理冶金过程，因此还不能是奥氏体区和铁素体区两种作用的简单叠加[5]。

4.1.2　动态回复与动态再结晶

　　在热轧过程中，金属内部同时进行着加工硬化和回复、再结晶软化两个相反的过程。只要有塑性变形就会产生加工硬化，在退火时就会发生回复和再结晶。不过，这时的回复再结晶是边加工边发生的，因此称为动态回复和动态再结晶。它们利用热加工的余热进行，而不需要重新加热[8]。

　　动态回复是在热塑性变形过程中发生的回复，在它未被人们认识之前，一直错误地认为再结晶是热变形过程中唯一的软化机制；而事实上，金属即使在远高于静态再结晶温度下塑性加工时，一般也只发生动态回复，且对于有些金属甚至其变形程度很大，也不发生动态再结晶。因此可以说，动态回复在热塑性变形的软化过程中占有很重要的地位。

　　研究表明，动态回复主要是通过位错的攀移、交滑移等来实现的。对于铝及铝合金、铁素体钢以及密排六方金属锌、镁等，由于它们的层错能高，变形时扩展位错的宽度窄、集束容易，位错的交滑移和攀移容易进行，位错容易在滑移面间转移，而使异号位错相互抵消，结果使位错密度下降，畸变能降低，不足以达到动态再结晶所需的能量水平。因此这类金属在热塑性变形过程中，即使变形程度很大、变形温度远高于静态再结晶的温度，也只发生动态回复，而不发生动态再结晶，也就是说，动态回复是高层错能金属热变形过程中唯一的软化机制。如果将这类金属在热变形后迅速冷却至室温，可发现这类金属的显微组织仍为沿变形方向拉长的晶粒，而其亚晶仍保持等轴状。亚晶粒的大小受变形温度和应变速率的控制，降低应变速率和提高变形温度，则亚晶粒的尺寸增大，晶体的位错密度降低。但总的说来，动态回复后金属的位错密度高于相应的冷变形后经静态回复的密度，而亚晶粒的尺寸小于相应的冷变形后经静态回复的亚晶粒尺寸。

　　对于层错能较低的金属，实验表明，如果变形程度较小时，通常也只发生动态回复。总之，金属在热轧变形时，动态再结晶是很难发生的。当高温变形金属只发生动态回复时，其组织仍为亚晶组织，金属中的位错密度还相当高。

动态再结晶是在热轧变形过程中发生的再结晶。动态再结晶和静态再结晶基本一样，也是通过形核和长大来完成，其机理是大角度晶界（或亚晶界）向高位错密度区域的迁移。

动态再结晶容易发生在层错能较低的金属，且当热轧变形量很大时。这是因为层错能低，其扩展位错宽度就大，集束成特征位错困难，不易进行位错的交滑移和攀移；而已知动态回复主要是通过位错的交滑移和攀移来完成的，这就意味着这类材料动态回复的速率和程度都很低，材料中的一些局部区域会积累足够高的位错密度差（畸变能差），且由于动态回复的不充分，所形成的胞状亚组织的尺寸较小、边界不规整，胞壁还有较多的位错缠结，这种不完整的组织正好有利于再结晶形核，所有这些都有利于动态再结晶的发生。动态再结晶需要一定的驱动力（畸变能差），这类材料在热变形过程中，动态回复尽管不充分但毕竟随时在进行，畸变能也随时在释放，因而只有当变形程度远远高于静态再结晶所需的临界变形程度时，畸变能差才能积累到再结晶所需的水平，动态再结晶才能启动，否则也只能发生动态回复。

动态再结晶的能力除了与金属的层错能高低有关外，还与晶界迁移的难易有关。金属越纯，发生动态再结晶的能力越强。当溶质原子固溶于金属基体中时，会严重阻碍晶界的迁移，从而减慢动态再结晶的速率。弥散的第二相粒子能阻碍晶界的移动，所以会遏制动态再结晶的进行。

在动态再结晶过程中，由于塑性变形还在进行，生长中的再结晶晶粒随即发生变形，而静态再结晶的晶粒却是无应变的。因此，动态再结晶晶粒与同等大小的静态再结晶晶粒相比，具有更高的强度和硬度。动态再结晶后的晶粒度与变形温度、应变速率和变形程度等因素有关。降低变形温度、提高应变速率和变形程度，会使动态再结晶后的晶粒变小，而细小的晶粒组织具有更高的变形抗力。因此，通过控制热加工变形时的温度、速度和变形量，就可以调整成形件的晶粒组织和力学性能。

在低应变速率情况下，由于在再结晶形核长大期间还进行着塑性变形，新形成的再结晶晶粒都是处于变形状态，其畸变能由晶粒中心向边缘逐渐减小。当晶粒中心的位错密度积累到足以发生另一轮再结晶时，则新一轮的再结晶便开始。如此反复地进行。对应于新一轮再结晶开始时的应力值为波浪形的峰值，随后由于软化作用大于硬化作用，应力值便下降至波谷值，表明该轮再结晶已结束。以后另一轮再结晶又开始，先是硬化作用大于软化作用，所以曲线又上升至峰值，依次重复上述过程。但当应变速率较大时，其再结晶晶粒内的畸变能变化梯度较之低应变速率时的大，在再结晶尚未完成时，晶粒中心的位错密度就已经达到足以激发另一轮再结晶的程度。于是，新的晶核又开始生成和长大，虽然只能有限地长大。正由于各轮再结晶紧密连贯进行，最终获得的再结晶晶粒组织比较细小，真实应力也保持较高的水平。随着应变速率的降低，能更早地发生动态再结晶；提高变形温度，也有类似的影响。

动态再结晶所要的临界形变量很大。在静态再结晶中，临界形变量意味着再结晶需要一定的最低形变储存能，即需要一定的最小驱动力。而动态再结晶之所以需要的驱动力比静态再结晶应该更大是由于在热加工过程中动态恢复随时在进行，能量也在随时释放，储存能的积累不容易达到再结晶所要求的水平，因而动态再结晶不容易启动，所以只有达到很大的形变量时，才可能启动动态再结晶。与静态再结晶相似，动态再结晶最易在晶界及亚晶界开始。动态再结晶后的晶粒大小与形变达到稳态时的应力大小有关，这个应力越大，晶粒便越细；反之则晶粒越粗。如图 4-2 所示。

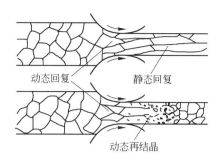

图 4-2　动态回复与再结晶的示意图

4.1.3　热轧后的组织与性能

4.1.3.1　改善铸锭组织

金属材料在高温下的形变抗力低，塑性好，因此热轧时容易变形，变形量大，可使一些在室温下不能进行加工的金属材料在高温下进行加工。通过热加工，使铸锭中的组织缺陷得到明显改善。

4.1.3.2　纤维组织

在热轧过程中，铸锭中的粗大枝晶和各种夹杂物都要沿变形方向伸长，这样就使枝晶间富集的杂质和非金属夹杂物的走向逐渐与变形方向一致，一些脆性杂质如氧化物、碳化物、氮化物等破碎成链状，塑性的夹杂物如 MnS 等则变成纤维状、线状或片层状，在宏观试样上沿着变形方向变成一条条细线，这就是热加工钢中的流线。由一条条流线勾画出来的组织，叫做纤维组织。

在热轧变形过程中，随着变形程度的增大，钢锭内部粗大的树枝状晶逐渐沿主变形力方向伸长，与此同时，晶间富集的杂质和非金属夹杂物的走向也逐渐与主变形方向一致，其中脆性夹杂物（如氧化物、氮化物和部分硅酸盐等）被破碎呈链状分布；而塑性夹杂物（如硫化物和多数硅酸盐等）则被拉长呈条带状、线状或薄片状。于是在磨面腐蚀的试样上便可以看到顺主变形方向上一条条断断续续的细线，称为"流线"，具有流线的组织就称为"纤维组织"。

显然，形成纤维组织的内因是金属中存在杂质或非金属夹杂物，外因是变形沿某一方向达到一定的程度，且变形程度越大，纤维组织越明显。

在热轧加工中，由于再结晶的结果，被拉长的晶粒变成细小的等轴晶，而纤维组织却很稳定地被保留下来直至室温。因此，这种纤维组织与冷变形时由于晶粒被拉长而形成的纤维组织是不同的。

纤维组织的形成，使金属的力学性能呈现各向异性，沿流线方向较之垂直于流线方向具有较高的力学性能。随着变形的增加，钢锭内部的疏松、气孔、微裂纹等缺陷逐渐被压实和焊合，晶界的夹杂物和碳化物逐渐被打碎和改善分布，粗大的铸造晶粒组织逐渐转变为轧制细晶组织，因此钢的力学性能不论是纵向还是横向的都有显著提高，而横向的力学性能，在强度指标方面也基本不变。但由于此时已形成纤维组织，力学性能出现各向异性。

4.1.3.3　纤维状组织

复相合金中的各个相，在热加工时沿着变形方向交替地呈纤维状分布，这种组织称为纤维状组织，在经过压延的金属材料中经常出现这种组织。

4.1.3.4　晶粒大小

正常的热轧一般可使晶粒细化。但是晶粒能否细化取决于变形量、热轧温度尤其是终轧温度及后冷却等因素。一般认为，增大变形量，有利于获得细晶粒，当铸锭的晶粒十分粗大时，只有足够大的变形量才能使晶粒细化[9]。

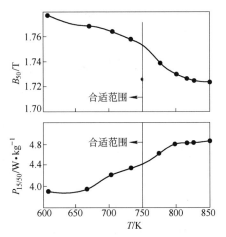

图 4 - 3　终轧温度与磁性的关系

4.1.4　终轧温度对磁性的影响

磁感与终轧温度存在极强的相关性，随着终轧温度增加，磁感上升（图 4 - 3）。终轧温度在 $A_{r1} \sim (A_{r1} - 100)$ 时热轧带钢具有大的晶粒度，温度越接近 A_{r1}，晶粒越大，且 $\{100\} < 110 >$ 组分密度显著提高。另外，终轧温度较低的钢（$A_{r1} - 100$）的晶粒最小，这是因为材料中产生了较大比例的形核于晶界上的细小等轴晶粒。生产实践中发现，热轧终轧温度控制非常困难，往往带钢头部的温度未能达到要求目标值，因此，无取向电工钢的终轧温度进一步提高，尽可能接近 A_{r1}，这对磁性的改善是非常重要的。

4.2　试验方法

4.2.1　实验材料

实验原材料采用某钢铁集团公司提供的厚度为 2.2mm 的无取向硅钢热轧板材和常化板材，板材的化学成分如表 4 - 1 所示。

表 4 - 1　无取向硅钢的化学成分（质量分数）　　　　　（%）

不同材料	C	Mn	Si	Al	N	S	P	V	Fe
无取向硅钢 I	0.001	0.35	3	0.85	0.01	0.002	0.015	0.1	余量
无取向硅钢 II	0.001	0.2	0.8	0.6	0.02	0.001	0.02	0.1	余量

4.2.2　热轧取样方法

从生产现场选取高牌号无取向硅钢热轧板的头部和尾部，研究终轧温度对热轧织构的影响。另外选取低牌号无取向硅钢热轧板，研究硅含量对热轧板织构和显微组织的影响。

试验用热轧板的板厚为 2.2mm，用线切割切成 20mm × 18mm 的矩形样品，长边代表轧向，短边代表横向。在光学显微镜下观察纵向和横向组织，织构分析采取分层测量，测量点距表面距离用 S 表示，S 分别等于 0mm、0.2mm、0.4mm、0.6mm、0.8mm、1.1mm。

4.2.3 金相组织观察

金相组织的观察分别选取不同工艺阶段的样品（热轧、常化、冷轧、再结晶退火）。

4.2.3.1 取样

用线切割的方法在不同类型样品上切取 20mm ×18mm 大小的样品，以备金相组织观察用。

4.2.3.2 镶样

本试验中所用试样由于太薄，最厚的为 2.2mm，最薄的只有 0.35mm，不便于磨样，因此需要镶样。镶样材料为环氧树脂系胶结剂、固化剂、塑料管。冷镶液成分（体积比）：618 型环氧树脂（70%）+邻苯二甲酸二丁酯（15%）+乙二胺，充分混合后使用，然后于室温下凝固 3～8h。

4.2.3.3 磨样

冷镶试样依次经 150 号→400 号→600 号→800 号→1000 号→1500 号→2000 号水砂纸磨好，至表面仅有某一方向细小的划痕。磨样的时候要不断用水冲洗，这个过程很关键，磨样时要注意用力的均衡和大小。

4.2.3.4 抛光与浸蚀

磨好的试样，在长绒呢布抛光布上加少许 W2.5 金刚石研磨膏粗抛光、W1.0 金刚石研磨膏精抛之后，依次经水洗→酒精棉球擦拭→浸蚀→水洗→酒精棉球擦拭→干棉球擦拭→吹干。

利用 4% 硝酸酒精溶液对精磨后样品进行腐刻，并及时清洗干净及干燥，注意保持样品整洁。处理后的样品在 OLYMPUS/GX71 显微镜下进行组织观察和拍照。

4.2.4 织构的测试

4.2.4.1 样品制备

对热轧、常化、冷轧、退火样品，用线切割的方法切取 20mm ×18mm 大小作为织构样品。其测试面如图 4 - 4 所示。采用由粗到细的金相水磨砂纸，将测试表面磨平，然后用腐蚀剂轻微腐蚀样品表面以消除表面应力，从而得到质量较高的织构待测样品。

4.2.4.2 织构测定

极图的测量是在 PHILIPS 公司生产的 X'Pert X 射线衍射仪上的织构测角计上进行，采用 Schulz

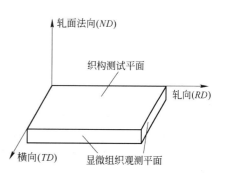

图 4 - 4 样品的金相观察面与
织构测试面示意图

背反射法进行织构测定，如图 4 – 5 所示。试验时采用钴靶，管电压为 35kV，管电流为 40mA，发散狭缝 DS：2°，并加 2mm 限高光阑，防散射狭缝 SS：5mm，接受狭缝：5mm。采用 CoK_α 辐射、Fe 滤波片，测量 {110}、{200}、{112} 三张不完整极图。扫测按同心圆步进方式进行，α 由 0° ~ 70°，β 由 0° ~ 360°，测量步长为 5°，数据的采集由计算机完成。采用二步法计算 $l_{max} = 16$ 时的 ODF，结果用角度间隔为 5° 的恒 φ 截面图表示，其中 ψ、θ、φ 最大为 90°，如图 2 – 15 所示。

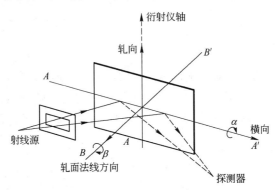

图 4 – 5 X 射线 Schulz 背反射法试验布置图

4.3 温度对热轧织构的影响

4.3.1 热轧板头部织构沿厚度的变化

3.0% Si（质量分数）的热轧板织构沿厚度方向的分层测量的结果如图 4 – 6 ~ 图 4 – 17 所示。ODF 根据实测极图计算所得。

（1）$S = 0mm$（表层）。图 4 – 6 为表层实测极图，图 4 – 7 为恒 φ – ODF 截面图。

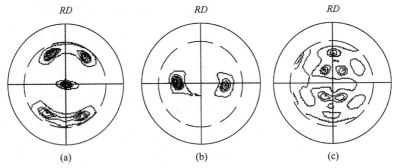

图 4 – 6 $S = 0mm$ 处实测极图
(a) 110 极图；(b) 200 极图；(c) 211 极图

（2）$S = 0.2mm$。图 4 – 8 为实测极图，图 4 – 9 为恒 φ – ODF 截面图。

（3）$S = 0.4mm$。图 4 – 10 为实测极图，图 4 – 11 为恒 φ – ODF 截面图。

（4）$S = 0.6mm$。图 4 – 12 为实测极图，图 4 – 13 为恒 φ – ODF 截面图。

（5）$S = 0.8mm$。图 4 – 14 为实测极图，图 4 – 15 为恒 φ – ODF 截面图。

（6）$S = 1.1mm$（中心区域）。图 4 – 16 为实测极图，图 4 – 17 为恒 φ – ODF 截面图。

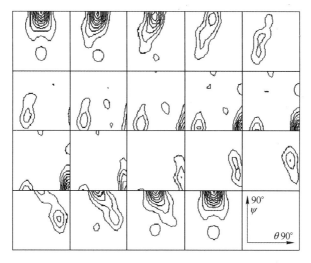

图 4 - 7　$S = 0$mm 处恒 φ - ODF 截面图

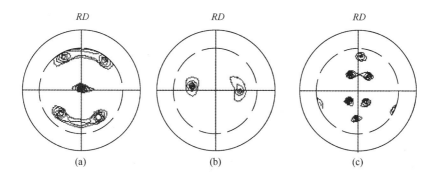

图 4 - 8　$S = 0.2$mm 处实测极图

（a）110 极图；（b）200 极图；（c）211 极图

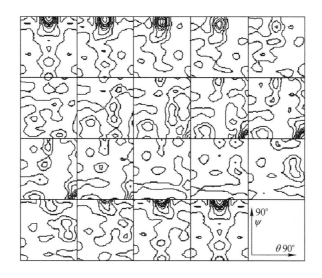

图 4 - 9　$S = 0.2$mm 处恒 φ - ODF 截面图

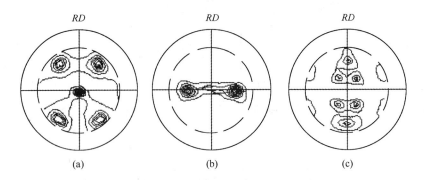

图 4 - 10 $S = 0.4$ mm 处实测极图

(a) 110 极图；(b) 200 极图；(c) 211 极图

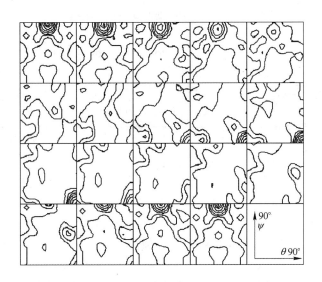

图 4 - 11 $S = 0.4$ mm 处恒 φ - ODF 截面图

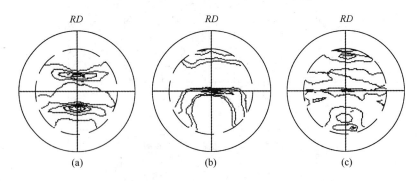

图 4 - 12 $S = 0.6$ mm 处实测极图

(a) 110 极图；(b) 200 极图；(c) 211 极图

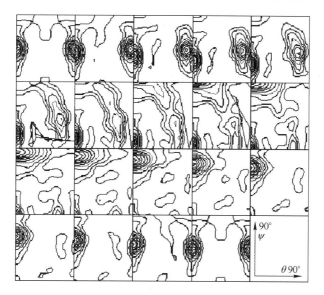

图 4 - 13　S = 0.6mm 处恒 φ - ODF 截面图

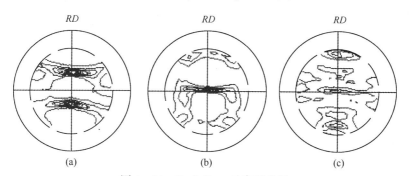

图 4 - 14　S = 0.8mm 处实测极图

（a）110 极图；（b）200 极图；（c）211 极图

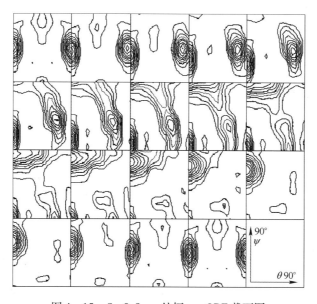

图 4 - 15　S = 0.8mm 处恒 φ - ODF 截面图

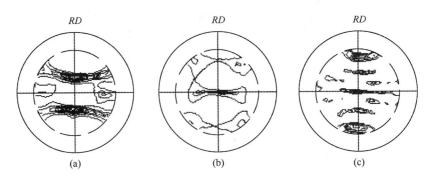

图 4-16 $S = 1.1$mm 处实测极图

(a) 110 极图；(b) 200 极图；(c) 211 极图

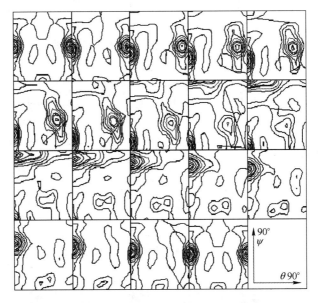

图 4-17 $S = 1.1$mm 处恒 φ - ODF 截面图

4.3.2 热轧板尾部织构沿厚度的变化

3.0% Si（质量分数）热轧板尾部织构沿厚度方向的分层测量结果如图 4-18 ~ 图 4-29 所示。

（1）$S = 0$mm（表层）。实测极图如图 4-18 所示，恒 φ - ODF 截面图如图 4-19 所示。

（2）$S = 0.2$mm。实测极图如图 4-20 所示，恒 φ - ODF 截面图如图 4-21 所示。

（3）$S = 0.4$mm。实测极图如图 4-22 所示，恒 φ - ODF 截面图如图 4-23 所示。

（4）$S = 0.6$mm。实测极图如图 4-24 所示，恒 φ - ODF 截面图如图 4-25 所示。

（5）$S = 0.8$mm。实测极图如图 4-26 所示，恒 φ - ODF 截面图如图 4-27 所示。

（6）$S = 1.1$mm。实测极图如图 4-28 所示，恒 φ - ODF 截面图如图 4-29 所示。

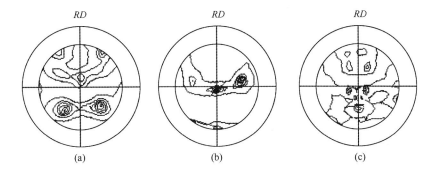

图 4-18 尾部 $S=0$mm 处实测极图
（a）110 极图；（b）200 极图；（c）211 极图

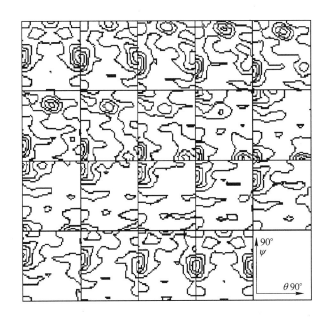

图 4-19 尾部 $S=0$mm 处恒 φ-ODF 截面图

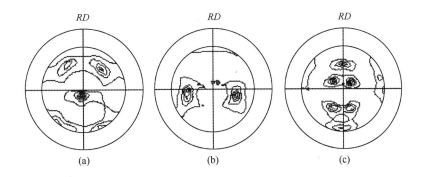

图 4-20 尾部 $S=0.2$mm 处实测极图
（a）110 极图；（b）200 极图；（c）211 极图

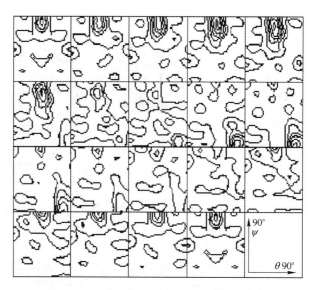

图 4 - 21　尾部 $S = 0.2$mm 处恒 φ - ODF 截面图

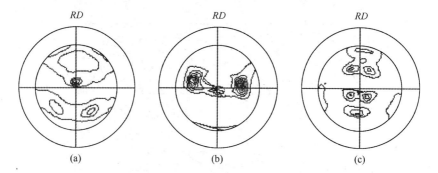

图 4 - 22　尾部 $S = 0.4$mm 处实测极图

（a）110 极图；（b）200 极图；（c）211 极图

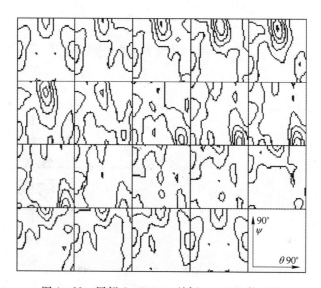

图 4 - 23　尾部 $S = 0.4$mm 处恒 φ - ODF 截面图

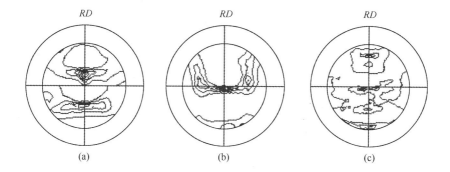

图 4 – 24　尾部 $S = 0.6$mm 处实测极图
（a）110 极图；（b）200 极图；（c）211 极图

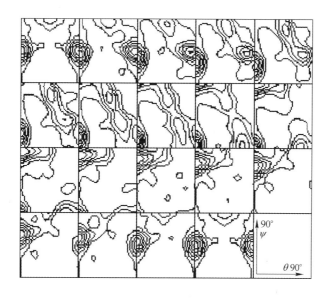

图 4 – 25　尾部 $S = 0.6$mm 处恒 φ – ODF 截面图

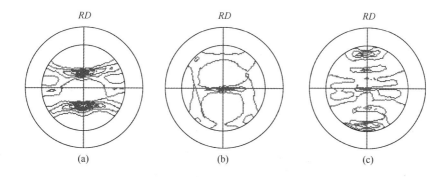

图 4 – 26　尾部 $S = 0.8$mm 处实测极图
（a）110 极图；（b）200 极图；（c）211 极图

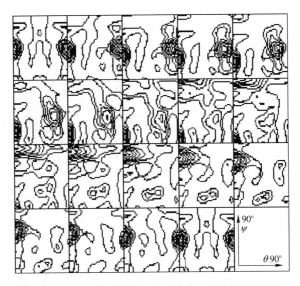

图 4 – 27 尾部 $S = 0.8mm$ 处恒 φ – ODF 截面图

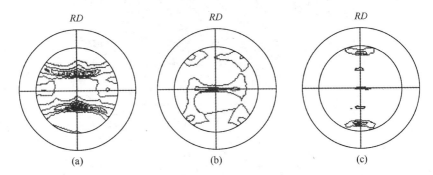

图 4 – 28 尾部 $S = 1.1mm$ 处实测极图

（a）110 极图；（b）200 极图；（c）211 极图

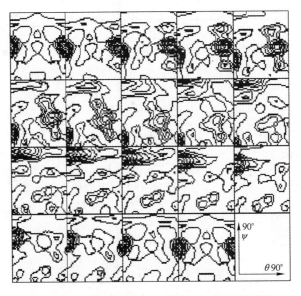

图 4 – 29 尾部 $S = 1.1mm$ 处恒 φ – ODF 截面图

4.3.3 分析与讨论

Si 质量分数为 3.0% 的热轧板头部沿板厚方向上各层织构的恒 φ 为 0°时，其 ODF 截面图如图 4-30 所示，其中图（a）～图（f）分别代表 $S=0.0$mm、0.2mm、0.4mm、0.6mm、0.8mm 和 1.1mm 层。表层织构主要为（$\bar{1}10$）［001］，并有少量（$\bar{3}31$）［$\bar{5}53$］织构，随离开表面距离的增加，（$\bar{1}10$）［001］织构不断减弱，而（001）［$1\bar{1}0$］织构不断增强。

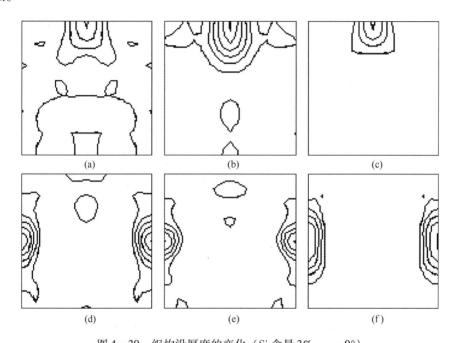

图 4-30　织构沿厚度的变化（Si 含量 3%，$\varphi = 0°$）

（a）$S = 0$mm；（b）$S = 0.2$mm；（c）$S = 0.4$mm；（d）$S = 0.6$mm；（e）$S = 0.8$mm；（f）$S = 1.1$mm

金属在塑形变形过程中，因受到外界热和力学条件的限制，各晶粒取向会相对外力方向发生转动，从而形成形变织构[2]。表层和中心区域织构组分主要受温度和变形量的影响而不同。由于硅钢的导热系数随硅含量的增加而降低，硅钢在平行于板面和垂直于板面的热传导系数也不同[10]。表层和中心区域的温度不均匀，中心区域温度较高。轧制时，变形区存在着不均匀的流动。在表面部分，轧辊先使轧材表面产生强烈的前滑，局部变形速度大。在接近变形区出口处，带钢中心部分才获得大的流动速度[11]。带钢热轧过程中，表层部分主要是通过剪切发生变形，而横截面的其他部分，则是受到压缩[10]。这说明变形方式和变形量对织构有重要的影响，从而造成距表面约 0.5mm 处织构类型的改变，由剪切织构转变为轧制织构。表层以高斯织构 {110} <001> 组分为主，中心区域以 {001} <110> 为主要织构组分。

对热轧板头部和尾部进行进一步的定量计算，结果如图 4-31 所示。表示含硅量为 3.0% 的热轧板头部（T）和尾部（W）的高斯织构 {110} <001> 与反高斯织构 {100} <011> 织构强度沿厚度方向的变化。从图中可以看出，热轧温度对硅钢织构有很大的影响，如图 4-31（a）所示。在头部，自表层到 0.4mm 处，{110} <001> 织构强，而从

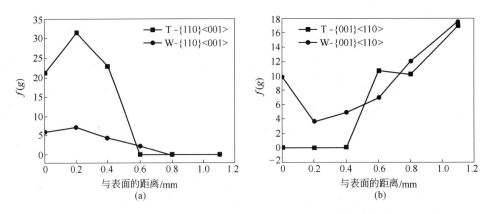

图4-31 {110}<001>织构和{100}<011>织构强度沿板厚方向的变化图（Si含量3%）

(a) {110}<001>织构；(b) {100}<011>织构

0.6mm到中心区域{110}<001>织构强度已经趋于零，头部{110}<001>织构强度明显高于尾部{110}<001>织构强度。从图4-31 (b) 中我们可以看出，尾部从表层开始已经出现反高斯织构了，中心区域最强。头部表层附近未发现反高斯织构，而从约0.5mm处，开始出现反高斯织构组分，并且中心区域最强。尾部从表层到0.4mm处只有少量的高斯织构出现，强度很弱，而反高斯织构较强，这与头部的织构组分具有明显的区别。在同一轧制工艺过程中，头部形成较强的高斯织构{110}<001>，而尾部对应处却变为反高斯织构{001}<011>。除温度因素外，其他因素是相同的。因此，热轧终轧温度的高低对织构的影响是较大的[12]。

图4-32为含硅量为0.8%的热轧板头部（T）和尾部（W）的高斯织构{110}<001>与反高斯织构{100}<011>织构强度沿厚度方向的变化图。头部和尾部对应部位的织构类型基本一致，在表层附近区域，有$(\bar{1}10)[\bar{1}13]$织构、$(\bar{1}10)[\bar{1}\bar{1}1]$织构、$(\bar{1}10)[1\cdot18]$织构、$(551)[\bar{6}\bar{6}5]$织构等，但没有一种明显的织构组分。从图4-32 (a) 可以看出，{110}<001>织构组分较弱，强度很低。由图4-32 (b) 可看出，头部和尾部在表层都未出现反高斯织构，从距离表层0.6mm处已经出现较强的反高斯织构，中心区域反高斯织构最强。中心区域附近主要为反高斯织构{100}<011>组分，另外有少量的$(\bar{1}11)$

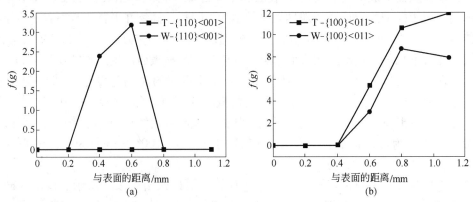

图4-32 {110}<001>织构和{100}<011>织构沿板厚方向的强度变化图（Si含量0.8%）

(a) {110}<001>织构；(b) {100}<011>织构

[$\overline{0}$11] 织构组分。尾部织构的强度稍弱于头部，这说明温度对低碳低硅冷轧无取向硅钢织构的影响不是很明显。低碳低硅冷轧无取向硅钢卷取前的热轧带中沉淀析出的第二相粒子主要是（Al，Si）N，终轧温度对其影响不大，它在卷取过程中逐渐粗化[13]。温度对热轧织构的影响与硅的含量有关，不同硅含量其影响规律是不同的。

4.4 硅含量对织构的影响

4.4.1 低硅热轧板织构沿厚度的变化

热轧板沿板厚方向上各层织构的 ODF 如图 4 – 33 所示，分别代表 $S = 0.0\text{mm}$、0.2mm、0.4mm、0.6mm、0.8mm 和 1.1mm。表层没有明显的织构组分，随着距表层距离的增加出现了（$\overline{1}$10）[$\overline{1}$ $\overline{1}$3] 织构和（$\overline{5}$51）[6 $\overline{6}$5] 织构组分，到 0.4mm 处出现了明显的（$\overline{1}$10）[001] 织构组分，但到 0.6mm 位置时（$\overline{1}$10）[001] 织构组分基本消失，而主要为反高斯织构 {001} <110> 组分，并有少量（$\overline{1}$11）[$\overline{0}$11] 织构组分出现。从表层到中心区域，织构组分完全不同。

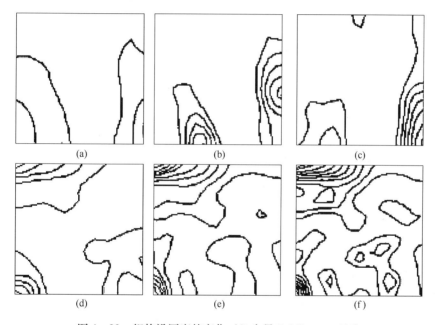

图 4 – 33　织构沿厚度的变化（Si 含量 0.8%，$\varphi = 45°$）
（a）$S = 0\text{mm}$；（b）$S = 0.2\text{mm}$；（c）$S = 0.4\text{mm}$；
（d）$S = 0.6\text{mm}$；（e）$S = 0.8\text{mm}$；（f）$S = 1.1\text{mm}$

4.4.2 硅含量对热轧硅钢织构的影响

图 4 – 34 为不同硅含量的（100）、（110）的轧面反极图的定量计算结果，表示 {100}、{110} 面织构体积分数沿厚度方向的变化。在不同硅含量下，表层的 {110} 面织构组分体积分数高，硅量高该组分的体积分数大。中心区域的 {100} 面织构组分所占体积分数高。图 4 – 35 为硅对高斯和反高斯织构强度的影响（G 代表含硅 3% 热轧板；D 代表含硅 0.8% 的热轧板），硅含量高时，表层高斯织构 {110} <001>组分和中心区域反

高斯织构 {100} <011> 组分，均比低硅时强度高。硅有利于高斯织构和反高斯织构的形成。高硅和低硅有共同的规律就是中心区域反高斯织构 {001} <110> 组分很强。但从表层到中心区域织构组分的变化明显不同。

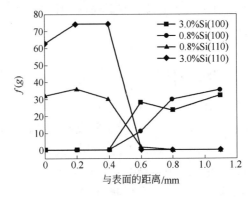

图 4 - 34　硅含量对 {100} 和 {110} 面织构的影响

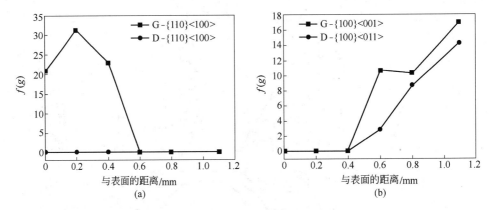

图 4 - 35　硅含量对 {110} <001> 织构和 {100} <011> 织构的影响

(a) {110} <001> 织构；(b) {100} <011> 织构

4.5　热轧硅钢的显微组织

4.5.1　高硅无取向硅钢热轧板组织

4.5.1.1　热轧板头部组织

热轧板头部组织如图 4 - 36 所示，图 4 - 36（a）为横向组织，图 4 - 36（b）为纵向组织，图中左右方向为板材法向，其余显微组织图类同。从图中可以看出在表层存在着许多再结晶组织，也存在形变组织，中心区域再结晶组织比表层区域的再结晶组织少，中心区域的形变组织比表层附近的形变组织粗大。

4.5.1.2　热轧板尾部组织

热轧板尾部组织如图 4 - 37 所示，图 4 - 37（a）为横向组织，图 4 - 37（b）为纵向组织。从图中可以看出在表层附近存在着许多再结晶组织，也存在形变组织，二者混合存

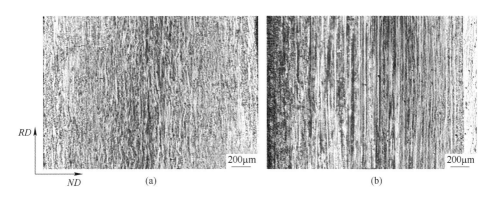

图 4 - 36 热轧板头部组织

(a) 横向组织；(b) 纵向组织

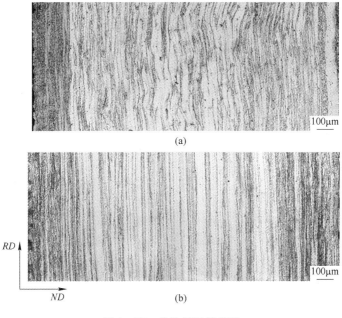

图 4 - 37 热轧板尾部组织

(a) 横向组织；(b) 纵向组织

在。从表层到中心区域再结晶组织越来越少，中心区域再结晶组织比表层区域的再结晶组织少。同时也可以看到，形变组织大小也不同，表层附近的形变组织细小，而中心区域的形变组织比较粗大。

从图 4 - 36 和图 4 - 37 的对比中可以看出，热轧板头部和尾部的组织是不同的，尾部的形变组织要比头部的形变组织多，而且尾部形变组织比头部形变组织粗大；尾部再结晶组织比头部再结晶组织少，而且晶粒比较小。

4.5.2 低硅无取向硅钢的热轧组织

低硅无取向硅钢热轧板组织如图 4 - 38 所示，从图中可以看出，在热轧板表层全是再结晶组织，从表层到中心区域再结晶组织逐渐减少。

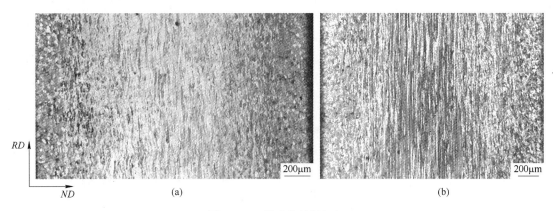

图 4 - 38　低硅热轧板组织
(a) 横向组织；(b) 纵向组织

4.5.3　热轧组织的分析与讨论

　　热轧板的显微组织是非常不均匀的，高硅、低硅以及头部尾部都表现出这种不均匀性。从图 4 - 36 ~ 图 4 - 38 可以看出，变形对组织的影响是主要因素，不论硅含量如何都有形变组织存在，这说明形变是主导因素，而化学成分等影响是次要因素。热轧板的显微组织在厚度方向分为两个区域，表层附近区域存在等轴晶粒，中心区域主要为形变组织。热轧板表面同较冷的轧辊相接触对该区域的形成起着至关重要的作用，由于接触而导致热轧板表层的冷却，使晶体组织缺陷积累到临界浓度以上，而引发初次再结晶的开始。另外由于表面与轧辊之间大的摩擦力而产生的剪切应力，使表层组织比中心区域具有更大的形变储能，从而发生动态再结晶。

　　含硅量不同再结晶组织的范围是不同的。0.8% Si 条件下，再结晶几乎在热轧板的整个厚度方向发生，都呈现等轴晶只是晶粒尺寸有所不同而已。在中心区域有些晶粒沿着轧向被拉长，同一些细小的再结晶晶粒交替出现。3% Si 热轧板的组织与低硅含量的热轧板是不同的，在钢板的中心区域保留了形变金属的组织；而钢板表层区域，存在一层含有再结晶和形变晶粒交替带组成的组织。

　　热轧后钢板的显微组织的不均匀性与硅含量有关。低含硅量，表层晶粒组织大，中心区域晶粒组织小，高硅则不同。硅元素延缓了回复、多边化以及再结晶的进程，使含硅3% 的钢板中心层保留了形变组织。

　　调整热轧工艺，达到适应于冷轧的热轧板组织，尤其改善热轧板表层的剪切变形，防止热轧板中心层的组织粗大，直至改善钢板内部的磁性。剪切变形对再结晶有重大影响，必须有效控制热轧板表层的再结晶，赋予热轧终轧时较小的变形量和尽量低的变形温度，这样既可以防止晶粒粗大化和抑制中心层晶粒长大，还可以降低磁各向异性。为控制再结晶，热轧卷取温度要尽量低。

　　由于在热轧过程，温度是连续降低的，即使由于变形产生大量的热能，但由于热辐射和坯料与工模具接触，降温是主要的，因而金属在变形时不断冷却。在连续热轧过程中，从一道次到下一道次应变速率会增加，当然对每一道次变形来说，一开始应变速率增加，然后快速下降。

在较高温度下的亚结构有较大晶胞尺寸以及在亚晶粒边界中位错有较长的链长，所以位错容易移动。因此它比同样晶粒大小的再结晶金属变形时可能有较低的平均流动应力，但必须是各道次应变小于发生再结晶时的应变。

当在开始条件下变形进展到稳态区。若温度逐渐降低和应变速率逐渐升高，则流动应力增加没有稳态区，因为亚结构连续变得致密。在一定温度或应变速率下的流动应力也较再结晶材料全部变形到同样应变大小时的流动应力要低些。

假若在间歇时间内静态回复较多，会形成比正常（稳态）加工条件下更软的亚结构。进行每次相等应变循环变形，如果每次应变小于由原始结构变成稳定结构所要求的应变，则那个道次的最高流动应力，可能大大小于最初再结晶金属在同样条件下变形的流动应力。

由于高温下逐渐增加应变所遗传下来的亚结构，没有为再结晶生核提供足够的位错密度或应变能，因而不发生再结晶。随着温度降低到相对较低强度下，金属中贮存的能量逐步达到或超过再结晶形核所需的能量。一旦动态再结晶开始，它便在以后的多个道次中延续，而且在这些道次之间的间歇时间内，有静态回复和某些亚动态再结晶。这两种静态软化又降低了以后动态再结晶速度，特别是形核速度，但又不能立刻完全消除动态再结晶[1]。这以后的继续冷却，使动态再结晶变得越来越少，而与变形温度降低相适应的亚结构越来越细，位错密度增高，从而形成了热轧组织的不均匀性。

由于组织的不均匀性，进一步影响到织构的变化，由表层到中心区域的织构发生很大的变化。

4.6　本章小结

本章通过对热轧硅钢织构及组织的研究，可以得出以下结论：

（1）热轧板在距表面不同位置的织构组分是不同的，中心区域附近反高斯织构 {001} <110> 很强，而高斯织构 {110} <001> 只在表层附近存在。

（2）同一板材头部和尾部只是温度条件有差别，其他条件相同，但头尾的织构组分差别很大。

（3）硅含量对织构的影响：高硅条件下的反高斯织构 {001} <110> 和高斯织构 {110} <001> 均比低硅热轧板的织构强度高。

（4）无取向硅钢热轧组织是不均匀的，表层有较多的再结晶组织，而中心区域为形变组织。这种不均匀性的组织是由于力学因素和温度因素共同作用的结果。

（5）硅含量对热轧组织有明显的影响。含硅量低时，热轧板中的等轴晶组织多且粗大，而含硅量高时，热轧板中的等轴晶组织少且细小。

（6）温度对组织影响，在较高温度下，再结晶组织比较多，形变组织比较细小，温度降低时，再结晶组织减少，形变组织增多且粗大。

参 考 文 献

[1] 王祖唐，关廷栋，等. 金属塑性成形理论 [M]. 北京：机械工业出版社，1989，38~41.

[2] 张新明，李赛毅. 金属材料织构的研究及其发展 [J]. 中国科学基金，1995.3：26~30.

[3] Umemoto M，Guo Z H，Tamura I. Effect of cooling rate on grain size of ferrite in a carbon steel [J]. Materials

Science and Technollgy, 1987. 3 (4): 249~255.

[4] 中国金属学会. 金属材料物理性能手册（第一册，第七篇，磁性）[M]. 北京：冶金工业出版社，1987，491~632.

[5] 黄璞，刘振清，曾武，等. 晶体缺陷在无取向硅钢中的作用 [J]. 电工钢. 2007，29 (3): 8~24.

[6] 刘雅政. 材料成形理论基础 [M]. 北京：国防工业出版社，2004，370.

[7] п. и. 波卢欣. 黄克琴，等译. 塑性变形的物理基础 [M]. 北京：冶金工业出版社，1989，337.

[8] 俞汉清，陈金德. 金属塑性成形原理 [M]. 北京：机械工业出版社，1999，22~25.

[9] 崔忠圻. 金属学与热处理 [M]. 北京：机械工业出版社，2000，200~218.

[10] Lutz Meyer 著. 赵辉译. 带钢轧制过程中材料性能的优化 [M]. 北京：冶金工业出版社，1996.

[11] Lottee U, L Meyer u. R－D. Knorr: Arch. Eisenhüttenwes. 47 (1976), S. 286—2940.

[12] 张正贵，祝晓波，刘沿东，李炳南，王福. 无取向硅钢热轧板织构的研究 [J]. 钢铁. 2007，42 (6): 74~77.

[13] 鲁锋，李友国，桂福生，赵宇. 热轧终轧温度对冷轧无取向硅钢析出物的影响 [J]. 钢铁材料研究，2002，14 (1): 34~37.

5 无取向硅钢冷轧织构与显微组织

5.1 多晶体的塑性变形

多晶体是由许多晶粒组合而成的，多晶体的组织结构有如下特点[1]：

（1）多晶体的各个晶粒，其形状和大小不同，化学成分和力学性能也是不均匀的；

（2）多晶体各相邻晶粒的取向一般是不同的；

（3）在多晶体中存在大量的晶界，晶界的结构与性质与晶粒本身不同，并在晶界上聚集着其他物质杂质。此外相邻晶粒也互相影响。

5.1.1 多晶体的塑性变形过程

多晶体中的各个晶粒不是同时发生塑性变形，只有那些位向有利的晶粒，取向因子最大的滑移系，随着外力的不断增加，其滑移方向的分切应力先达到临界值，才开始塑性变形。此时周围位向不利的晶粒，尚未发生塑性变形，仍然处于弹性变形状态。由于位向最有利的晶粒已经开始发生塑性变形，位错源源不断地沿着滑移面进行运动，在晶界处受阻，形成位错的平面塞积群[2]。

位错平面塞积群在其前沿附近区域造成很大的应力集中，随着外力的增加，应力集中也增大。应力集中与外加应力叠加，使临近晶粒发生滑移，开始塑性变形。这样，在外加应力以及已滑移晶粒内位错平面塞积群所造成的应力集中的联合作用下，就会有越来越多的晶粒参与塑性变形。

多晶体变形时，各晶粒的变形有先有后，相互协调，体心立方金属的滑移系较多，因此表现出良好的塑性。另外各个晶粒的变形是不均匀的，有的晶粒变形大，有的变形小。同一晶粒，变形也是不均匀的，一般晶粒中心区域变形大。晶界附近滑移受阻，变形量小。

5.1.2 形变晶体的微观结构

经中等以上压下率冷轧的铁和电工钢板中位错密度很高，由于塑性变形不均匀，微观结构极复杂，其冷轧板的微观结构有形变带、过渡带等6种[3]。

5.1.2.1 形变带（基体带）

压下率大，使滑移变形不均匀，一个晶粒内的相邻地区在不同方向转动时形成了高位错密度的形变带。形变带是由尺寸为 $0.2 \sim 1\,\mu m$ 和位向近似相同的胞状组织组成的，其边界是弯曲的，形状不规则，虽然都沿着主应力方向伸长，但外貌不一样。形变带是连续再结晶晶核的主要发源地。

5.1.2.2 过渡带

过渡带为两个形变带之间的一种微观结构。过渡带宽约 1~3μm，其中由相互平行的几个或几十个带状胞状组织组成，而且是连续变化的。

5.1.2.3 条状组织

两个形变带之间最常存在的是另一种条状组织，宽约 1μm，是由约 0.2μm 小胞状组织组成的。

5.1.2.4 微观带

硅钢在冷轧时，在 {110} 或 {112} 滑移面上，出现小于 40μm（长）×（20~30）μm（宽）×（0.2~0.3）μm（厚）分散的并具有清晰边界的一种胞状组织，称为微观组织。

5.1.2.5 切变带

通过剪切变形形成的与轧面成 20°~40° 角和厚度为 1~10μm 的微观组织。随压下率增大，切变带厚度增大。切变带中的胞状组织是伸长和等轴胞状体混合组织。切变带是由于不均匀变形而形成的。

5.1.2.6 晶界附近微观组织结构

晶界附近的硬度增高，在其附近常存在伸长的胞状体群体，其位向差随着距晶界距离增大而逐渐增大，这说明点阵明显弯曲。在晶粒边部和角部为保持晶粒间的形变连续性，造成这些地区的应变量增大，比晶界上更早形成形变组织。

5.1.3 冷轧储能

冷轧时大部分塑性形变过程中消耗的机械能都变为热，只有百分之几到 10%~15% 储存在钢中。影响储存能的因素很多。这些因素可分为两类。一类为轧制的工艺条件，另一类为材料内在因素。

5.1.3.1 轧制工艺条件

A 形变量
储存能随形变功增加而增高，而储存能增高的速率逐渐减慢，即储存能的百分比减少，最后趋于饱和。

B 形变温度
轧制温度愈低，储存能愈高，因为应变硬化率随温度降低而增大。

C 形变速度
形变速度愈快，应变硬化率愈高，所以储能也增高。

D 轧制方式
一般是应力状态愈简单，经过相同形变量加工后，储能愈小。反之，应力状态愈复杂，轧制时摩擦力愈大，应力与应变的梯度愈大，塑性形变总耗功愈大，储能也愈大。

5.1.3.2 材料因素

A 材料的类型

在同样形变量下，储存能随金属的熔点增高而增大。

B 纯度和溶质（杂质和合金元素）

在相同形变量下，溶质的含量增高，储存能增大；纯度高，储存能降低。如低碳电工钢比高纯铁的储存能高，硅钢比低碳钢高，而高硅钢比低硅钢更高。

C 在同样形变量下，细晶粒比粗晶粒的储存能高。因为形变跨过晶界时，必须保持连续性，这只有通过复杂滑移才能实现，所以储存能高。

D 原始位向

不同位向的单晶体形变速率不同，所以储存能不一样。如 {100} <011> 位向的晶体，冷轧时更容易形变，位错密度低，其储存能低于 {111} <112> 晶体。在冷轧多晶体基体中，位向差大和尺寸小的胞状组织具有更高的储存能。{110} <001> 晶粒最难形变，所以储存能最高。冷轧基体中不同位向晶粒的储存能按以下顺序增高：

{100} < {112} < {111} < {110}。

E 第二相析出物

可变形的第二相析出物对储存能的影响不大，因为滑移时位错可以通过第二相，这不改变其应变硬化率，只提高钢的流变或屈服强度。不变形的第二相，特别是细小的分散状质点，在形变后使位错密度增高，所以增大储存能。

5.1.4 冷轧织构

金属多晶体是由许多不规则排列的晶粒组成。但在冷轧过程中，当达到一定的变形程度后，由于在各晶粒内晶格取向发生了转动，使其特定的晶面和晶向趋于排成一定方向。从而使原来位向紊乱的晶粒出现有序化，并有严格的位向关系。金属所形成的这种组织结构叫做变形织构。变形织构分为板织构和线织构。板织构是某一特定晶面平行于板面，某一特定的晶向平行于轧制方向。

冷轧组织的晶粒全部沿着轧向伸长，这是由冷轧特点决定的，因为两轧辊转动速度相同，所以轧制的晶粒呈对称分布。（1）晶粒被拉长。冷轧中，随着带钢厚度的改变，其内部的晶粒形状也发生相应的变化，即都沿着轧制方向被拉长、拉细或压扁，晶粒成对称分布。（2）亚结构。金属冷却后，其各个晶粒被分割成许多单个的小区域。每个小区域称为晶块。晶块内部位错密度很低，在晶块边界上位错密度很高。体心立方金属冷轧后的织构一般是反高斯织构 {001} <110> 以及 {112} <110> , {111} <110> , {111} <112> 等。

无取向硅钢在生产过程中要经过热轧、常化以及冷轧和再结晶退火等阶段，其中冷轧是无取向硅钢生产中的重要环节，冷轧与热轧的区别在于变形前材料没有加热，变形温度远低于再结晶温度。冷轧质量的好坏对再结晶组织及织构有重要的影响，进而对最终成品的磁性能产生影响，因此对冷轧过程进行研究具有重要的科学意义和工程意义。

近年来，由于硅钢生产技术的发展，使电器的效率逐步提高，但是，为了进一步提高电器的效率，就必须降低无取向硅钢的铁损。而控制晶体取向以改善磁性，是降低无取向硅钢铁损的重要手段。织构分布及各组分强度对冷轧无取向硅钢的磁性能具有显著影响。无取向硅钢再结晶织构依赖于材料的成分、组织、冷轧织构[6~9]等，通过改善冷轧工艺获得理想的冷轧织构组分是人们长期关注的课题[10]，由于冷轧板内的变形晶粒的晶体取向的不同，再结晶速度会有显著的不同，一次再结晶织构与冷轧织构中的｛111｝＜112＞取向具有密切的关系[11]。利用现代织构分析手段和理论，研究生产过程中冷轧无取向硅钢织构形成和演变规律的工作尚不充分[12]，织构定量描述还比较少[13]。异步轧制具有轧制压力低，轧制精度高等特点[28]，异步轧制方法在硅钢中的应用研究还比较少[14~17]，而有关高牌号无取向硅钢异步轧制尚无报道。本章采用同步和异步轧制方法，对无取向硅钢在不同压下量和速比进行轧制，研究无取向硅钢在不同轧制方法下冷轧织构在冷轧过程中的演变以及组织在不同轧制方法下的变化。

5.2 冷轧试验方法

为研究不同条件下冷轧织构随形变量的变化及同异步冷轧织构的特点，在四辊轧机上进行轧制实验，轧机主要参数如表 5 - 1 所示，主电机型号为 Z - 400，功率为 43kW，轧制速度为 1 ~ 1.5m/s。该轧机可进行同步和异步轧制，异步速比的变化通过改变上辊齿轮的齿数实现。上轧辊为慢速辊，下轧辊为快速辊。采用全部道次同步、全部道次异步两种轧制方式，其中异步轧制分别选取 $i = 1.06$、1.19、1.25、1.31 四个速比。材料取常化（2.2mm 厚）板材，冷轧方向始终与原始板材的轧制方向一致，异步轧制的快辊侧以"R"表示，慢辊侧以"S"表示。

另外，为研究形变量对冷轧组织和冷轧织构的影响，在同步和异步（取速比 $i =$ 1.19）条件下，采用不同的压下量进行同步轧制和异步轧制，压下率分别为 18%、36%、55%、77%、84%，冷轧后板厚分别为 1.8mm、1.4mm、1.0mm、0.5mm、0.35mm。

表 5 - 1   四辊可逆式冷轧机主要参数

轧 辊	直径/mm	辊面宽度/mm	材 料
工作辊	90.8	204	GCr15
支承辊	197	200	GCr15
张力辊	150	150	45

5.3 形变量对冷轧织构及显微组织的影响

5.3.1 不同形变量下的同步冷轧织构及显微组织

5.3.1.1 不同形变量下的织构

图 5 - 1 给出不同压下率（18%、36%、55%、77%、84%）样品表层区域的恒 φ - ODF 截面图。不同压下率的 ODF 恒 $\varphi = 45°$ 截面图如图 5 - 2 所示。从图 5 - 1 和图 5 - 2 可以看出，在冷轧过程中各晶粒取向的聚集状态，随着变形量的增加，各晶粒的取向不断汇聚

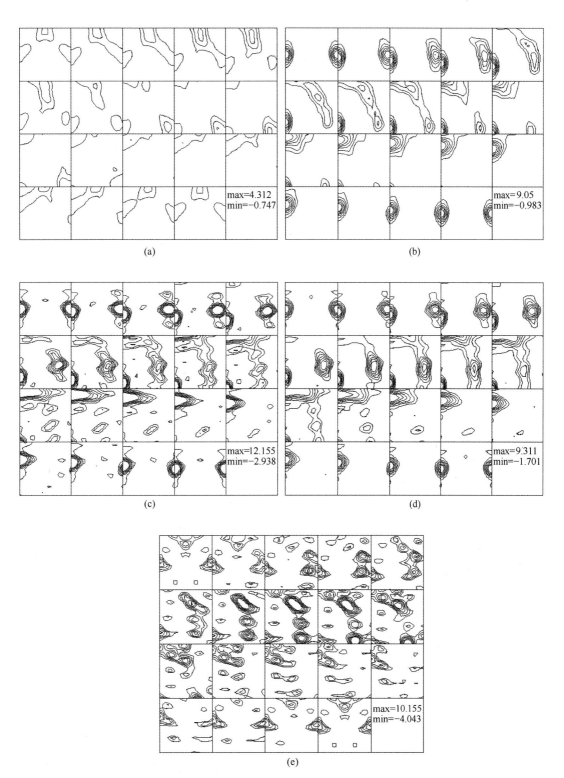

图5-1 不同形变量的同步轧制的恒 φ -ODF 截面图

（a）压下率为18%；（b）压下率为36%；（c）压下率为55%；（d）压下率为77%；（e）压下率为84%

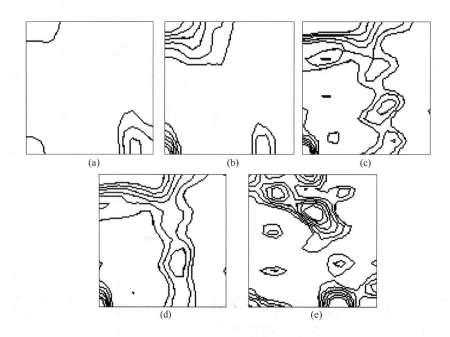

图 5-2 不同形变量的同步轧制恒 φ =45°时的 ODF 截面图

(a) 压下率为18%；(b) 压下率为36%；(c) 压下率为55%；

(d) 压下率为77%；(e) 压下率为84%

到 α 取向线和 γ 取向线，即 α 织构和 γ 织构（α 织构是 <110> 方向平行于轧向，γ 织构是 <111> 方向平行于法向）。

5.3.1.2 不同形变量下的显微组织

金相显微组织如图 5-3 所示。从图 5-3 中可以看出，经冷轧后，晶粒的显微组织发生了明显的改变。随着形变量的逐渐增加，原来的等轴晶粒逐渐沿变形方向被拉长，当压下率达到77%时，晶粒已变成纤维状。在变形过程中，各晶粒的滑移将使滑移面发生转动，由于转动是有规律的，因此当塑性形变量不断增加时，原始取向的各个晶粒逐渐调整到取向趋向一致，从而形成形变织构。在压下率为18%时的显微组织中有细长的变形晶粒，这是常化材料中的遗传组织。金属的塑性变形的物理本质是位错的

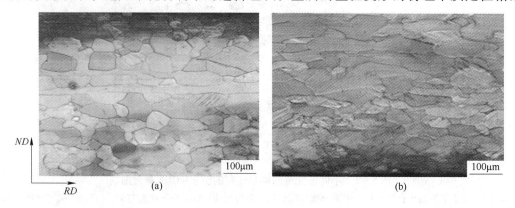

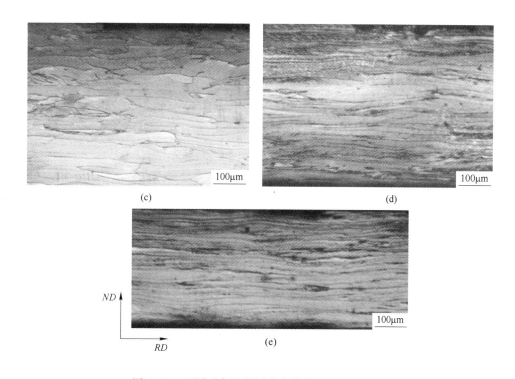

图 5-3 不同形变量的同步冷轧的金相显微组织

（a）压下率18%；（b）压下率36%；（c）压下率55%；（d）压下率77%；（e）压下率84%

运动，在位错的运动过程中，位错之间、位错与溶质之间、间隙原子以及空位之间、位错与第二相质点之间都会发生相互作用，引起位错的数量、分布等的变化。在变形时，因为晶粒的取向不同，各个晶粒的变形既相互阻碍又相互促进，变形量增大一方面促进位错胞的形成，位错胞也越发达和完善，而其晶粒发生的转动量也越大，织构锐化；另一方面，位错墙吸收位错的数量随变形量的增大而增加。如前所述，在冷轧过程中，随着压下量的增大，晶粒取向逐渐向 γ 取向聚集，就说明在多晶体轧制过程中晶粒向 {111} 位向滑移旋转。

5.3.2 不同形变量下的异步冷轧织构及显微组织

5.3.2.1 不同形变量下的织构

图 5-4 为不同压下率下异步轧制（18%、36%、55%、77%、84%）快辊侧的恒 φ-ODF 截面图，图 5-5 为快辊侧恒 $\varphi=45°$ 时的 ODF 截面图。图 5-6 为异步轧制不同压下率下慢辊侧的恒 φ-ODF 截面图，图 5-7 为慢辊侧恒 $\varphi=45°$ 时的 ODF 截面图。从图中可以看出不论是快辊侧还是慢辊侧，其在冷轧过程中的晶粒取向的聚集状态，随着变形量的增加，晶粒取向逐渐向 α 线和 γ 线聚集，但快慢辊侧的取向密度有所差异。低变形量时晶粒取向主要聚集在 α 线附近。变形量达到55%时，γ 线上的取向密度逐渐比较明显，并随着变形量增加逐渐上升。反高斯织构随形变量的增加而逐渐增强。

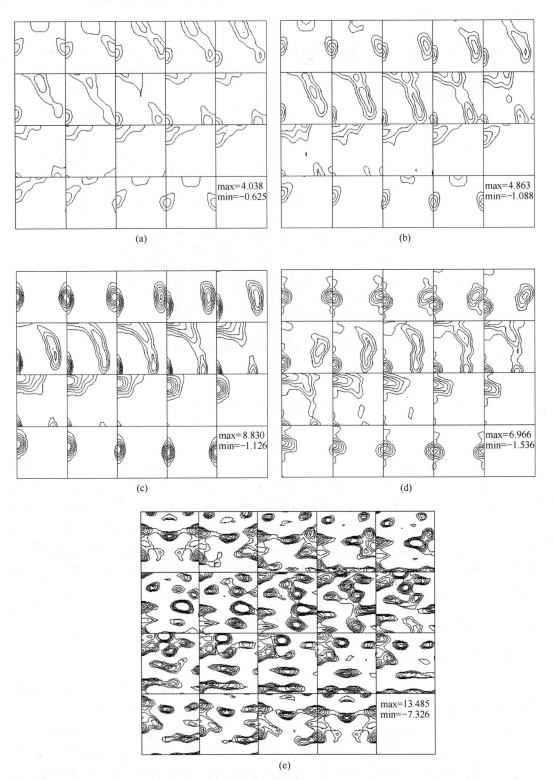

图 5-4 不同形变量的异步轧制快辊侧的恒 φ - ODF 截面图

（a）压下率为18%；（b）压下率为36%；（c）压下率为55%；（d）压下率为77%；（e）压下率为84%

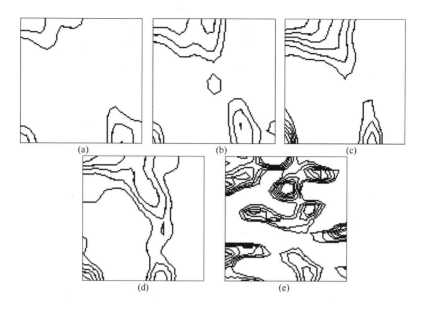

图 5-5 异步冷轧不同压下率快辊侧的恒 φ =45°时的 ODF 截面图

（a）压下率为18%；（b）压下率为36%；（c）压下率为55%；（d）压下率为77%；（e）压下率为84%

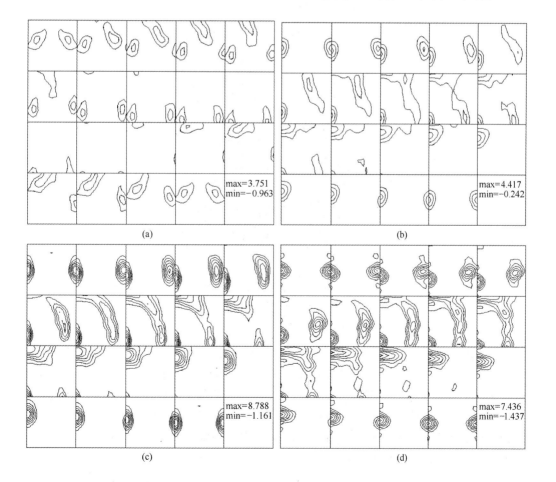

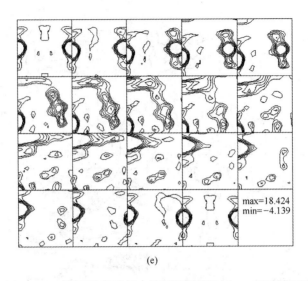

(e)

图 5-6　不同形变量的异步轧制慢辊侧的恒 φ - ODF 截面图

（a）压下率为18%；（b）压下率为36%；（c）压下率为55%；（d）压下率为77%；（e）压下率为84%

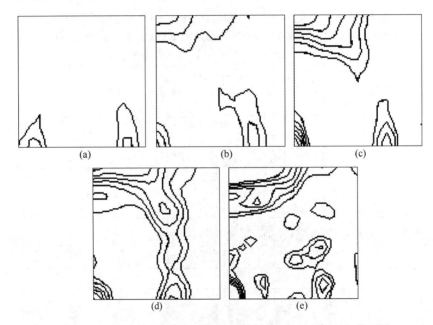

图 5-7　异步冷轧不同压下率慢辊侧的恒 φ =45°时的 ODF 截面图

（a）压下率为18%；（b）压下率为36%；（c）压下率为55%；

（d）压下率为77%；（e）压下率为84%

异步冷轧快辊侧 {110} <001>、{001} <110>、{111} <112> 以及 {111} <110> 织构组分的定量分析如图 5-8 所示。高斯织构 {110} <001> 组分强度随形变量的增加，逐渐降低，压下率达50%以后，高斯织构基本消失。而反高斯织构 {001} <110> 组分则是随形变量的增加，其强度逐渐增强，在压下率为55%左右时，出现最大值。{111} <112> 织构组分强度随形变量的增加逐渐增强。{111} <110> 织构强度在压下率为55%左右时达到最大，然后开始下降，然后再次上升。

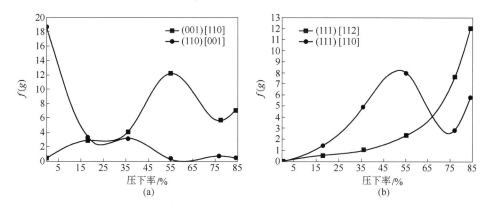

图 5-8 异步冷轧快辊侧主要织构组分随形变量的变化
(a) (110) [001] 和 (001) [110]; (b) (111) [112] 和 (111) [110]

异步冷轧慢辊侧 {110} <001>、{001} <110>、{111} <112> 以及 {111} <110>
织构组分的定量分析如图 5-9 所示。高斯织构 {110} <001> 组分变化规律与快辊侧相
同，随形变量的增加，其组分逐渐减少，压下率 55% 以后，高斯织构消失。而反高斯织
构 {001} <110> 组分则从无到有，逐渐增强，{111} <112> 织构组分在压下率为 77% 左
右时最强，{111} <110> 在压下率 55% 左右时强度最高，然后下降。

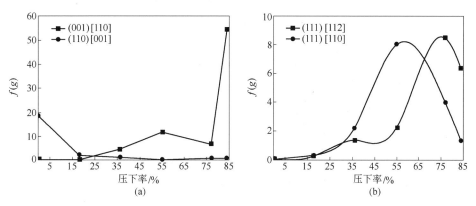

图 5-9 异步冷轧慢辊侧主要织构组分随形变量的变化
(a) {110} <001> 和 {001} <110>; (b) {111} <112> 和 {111} <110>

快慢辊侧织构组分的对比如图 5-10 所示，从中可以看出，异步冷轧织构在冷轧过程
中，快慢辊侧的高斯织构均随压下量的增大而逐渐降低，但快辊侧强度高于慢辊侧；反高斯
织构均随压下率的增大而增大，快辊侧强度比慢辊侧高。在压下率低于 55% 左右时，{111}
<110> 织构均随压下率的增大而逐渐逐步增强，在压下率为 55% 时出现最大值，压下率低
于 55% 时，快辊侧 {111} <110> 织构随压下率的变化率大；快慢侧 {111} <112> 织构的
变化不大。

冷轧前常化板材的恒 $\varphi = 45°$ 时的 ODF 截面图如图 5-11 所示，初始织构主要以
{110} 和 {113} 面织构为主，(110)[1$\bar{1}$4]、(110)[001] 等织构组分较强。

由图 5-2、图 5-5 及图 5-7 与图 5-11 的对比，可以清晰地看出冷轧织构的变化趋
势，在变形量低时，冷轧织构组分基本保持原来的主要织构类型，随着压下量的增大，冷

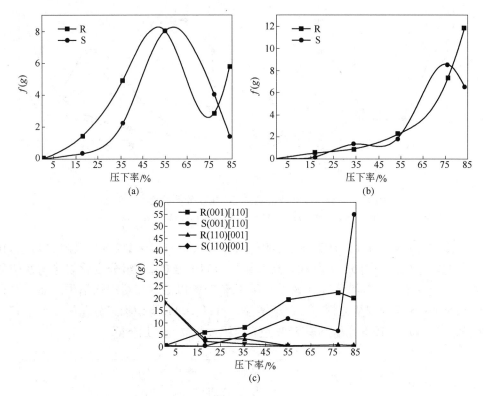

图 5 - 10 异步冷轧快慢辊侧主要织构组分随形变量的变化

(a) {111}<110>；(b) {111}<112>；(c) {110}<001>和{001}<110>

轧织构组分逐渐演变为以 α 织构和 γ 织构为主要织构组分，在压下率为 84% 时，织构组分进一步变化，出现了较强的 {001}<120>织构组分[18]。

5.3.2.2 不同形变量下的显微组织

异步轧制不同形变量下的显微组织如图 5 - 12 所示。图 5 - 12 （a）~ （c）图中的左图上边为慢辊侧，右图下边为快辊侧。从金相显微组织上很难看出快慢辊侧在轧制过程中晶粒组织变化的差异。

在轧制塑性变形过程中由每个晶粒内部最有利的滑移系统最先开动，因此同时在几个滑移系统上滑移。但

图 5 - 11 原材料的恒 $\varphi = 45°$ 时的 ODF 截面图

由于晶界的存在，每个晶粒不能自均匀地发生滑移，所以在晶界附近出现复杂滑移以保持晶界两边形变的连续性。由于晶界对滑移的阻碍作用以及几个滑移系统的位错相互干扰的晶粒间相互制约，使形变过程更加复杂并造成晶粒间的变形量极不均匀，从图 5 - 12 中可以清晰地看到，有的晶粒已经被拉长，而有的晶粒却还处在等轴晶状态。各个晶粒在形状改变的同时，也发生复杂的转动。另外从图 5 - 12 中可以看到形变孪晶，形变孪晶发生在{112}<111>系统。

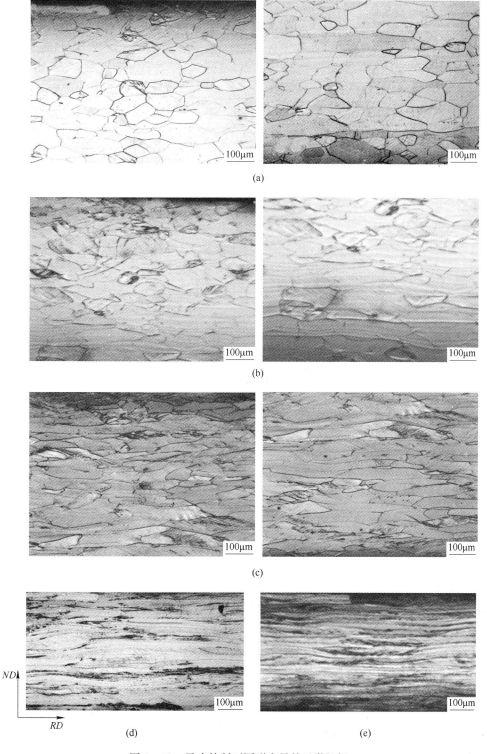

图 5 - 12 异步轧制不同形变量的显微组织

(a)压下率 18%;(b)压下率 36%;(c)压下率 55%;(d)压下率 77%;(e)压下率 84%

5.4　异步轧制织构沿厚度的变化

为了进一步弄清异步轧制织构,对77%压下率的样品进行了分层织构测量,为了方便对比研究,对原材料常化板材也进行了分层测量其织构组分。原材料沿厚度方向的恒$\varphi = 45°$时的ODF截面图如图5-13所示,由(a)到(d)分别表示距离表层距离为0mm、0.4mm、0.6mm、1.1mm。从表层到中心区域织构类型有所不同。表层初始织构(110)$[1\bar{1}4]$、(110)[001]等织构组分较强,中心区域高斯织构消失,出现了反高斯织构。

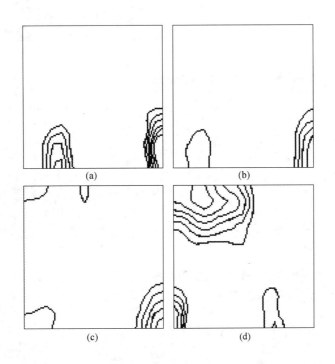

图5-13　常化样品织构沿厚度方向的恒$\varphi = 45°$时的ODF截面图
(a) $S = 0$mm; (b) $S = 0.4$mm; (c) $S = 0.6$mm; (d) $S = 1.1$mm

异步冷轧板沿厚度方向的恒$\varphi = 45°$时的ODF截面图如图5-14所示,由(a)到(e)分别表示距离快辊侧表层距离为0mm、0.125mm、0.25mm、0.375mm、0.5mm。通体织构以α织构和γ织构为主要组分,是比较理想的冷轧织构组分。与图5-13比较可以看出,中心区域织构与原有织构类型变化不大,仍然有较强的反高斯织构,其他部位织构类型与初始织构则完全不同,原有织构组分消失,生成新的冷轧织构。但在不同位置取向密度有所不同,进一步的定量分析结果如图5-15~图5-18所示。

从图5-15可以看出$\{112\}$ <110>、$\{335\}$ <110>、$\{557\}$ <110>织构沿厚度方向呈现非对称分布,中心区域取向密度较高,慢辊侧表层强度高于快辊侧表层强度,而位于快辊侧的1/4层比慢辊侧的1/4层强度高。图5-16表示了反高斯$\{001\}$ <110>织构沿厚度的变化趋势,在慢辊侧表面强度最高,中心区域其次,快辊侧表面的反高斯织构强度最低。图5-17所示为反高斯$\{001\}$ <110>织构附近的 $\{0\ 1\ 11\}$ <11 11 1>织构沿厚度方向的变化,快辊侧的织构强度比慢辊侧的强度高。图5-18表示 $\{111\}$ <112>沿

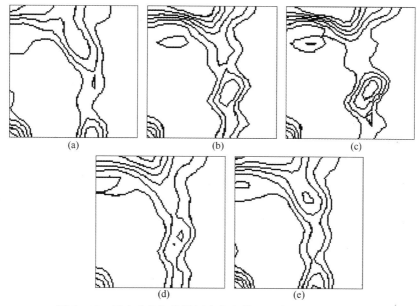

图 5 – 14　异步冷轧织构沿厚度方向的 ODF 恒 $\varphi = 45°$ 截面图

（a）$S = 0$mm；（b）$S = 0.125$mm；（c）$S = 0.25$mm；（d）$S = 0.375$mm；（e）$S = 0.5$mm

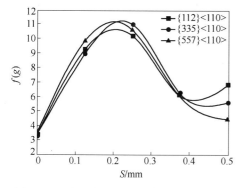

图 5 – 15　{112}<110>、{335}<110>、{557}<110>织构沿厚度的变化

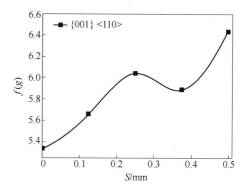

图 5 – 16　反高斯 {001} <110>织构沿厚度的变化

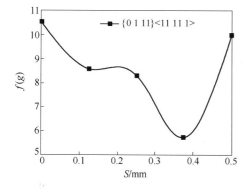

图 5 – 17　{0 1 11}<11 11 1>沿厚度的变化

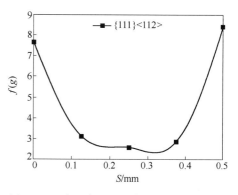

图 5 – 18　{111}<112>沿厚度方向的变化

厚度方向的变化，在中心区域强度低于表层的织构强度，但慢辊侧表面比快辊侧的表面强度高[19]。

5.5　异步轧制速比对冷轧织构及组织的影响

速比对冷轧织构的影响与材料的成分有一定的关系，本节讨论的是速比对低牌号无取向硅钢织构的影响。原材料为低硅常化板材，其表层的恒 $\varphi = 45°$ 时的 ODF 截面图如图 5 -19 所示，主要织构定量取向线分析如图 5 - 20 所示。主要有（110）$[11\bar{1}113]$、（110）$[001]$、（110）$[1\bar{1}1]$（111）$[\bar{1}10]$、（112）$[\bar{2}01]$、（223）$[\bar{2}\bar{1}2]$ 等。

不同速比异步轧制后的恒 $\varphi = 45°$ 时的 ODF 截面图如图 5 - 21 和图 5 - 22 所示。图 5 - 23 和图 5 - 24 为冷轧织构的 α 及 γ 取向线定量分析。结果表明，不同速比异步轧制织构类型基本上是反高斯织构组分 {001} <110> 及 α 织构和 γ 织构，低速比异步轧制织构强度较高速比异步轧制的织构强度高，提高速比不能增加 α 织构或 γ 织构强度，同时

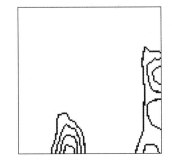

图 5 - 19　材料的恒 $\varphi = 45°$
时的 ODF 截面图

不同速比下慢辊侧的织构强度比快辊侧的强度要高许多。快辊侧织构组分一类是 <110> 平行于轧向，（112）~（111）平行于轧面，另一类为（111）平行于轧面，而 <110> ~ <112> 平行于轧向；慢辊侧与快辊侧的区别在于 <110> 平行于轧向，（001）~（111）平行于轧面，从图 5 - 23 和图 5 - 24 的比较可以看出，慢辊侧的反高斯织构明显高于快辊侧的反高斯织构。由图 5 - 21、图 5 - 22 与图 5 - 19 的对比可以看出，不论在哪种速比下，常化时的主要织构组分在冷轧时完全转化为其他织构组分。从图 5 - 22 和图 5 - 23 可以看出异步轧制冷轧织构中 {223} <110> 附近组分取向密度最高，{111} <112>、{111} <110> 织构组分的取向密度相对较低[4]。

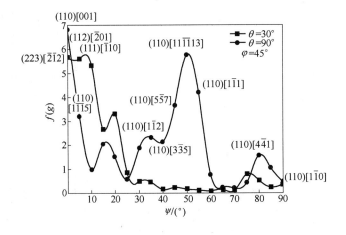

图 5 - 20　材料的初始织构取向线分析

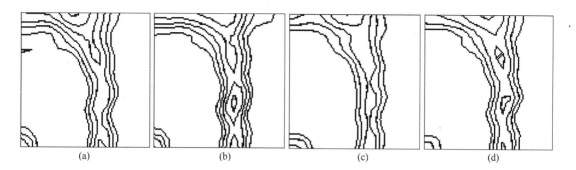

图 5-21 不同速比异步轧制的恒 $\varphi = 45°$ 时的 ODF 截面图（快辊侧）

（a）1.06；（b）1.19；（c）1.25；（d）1.31

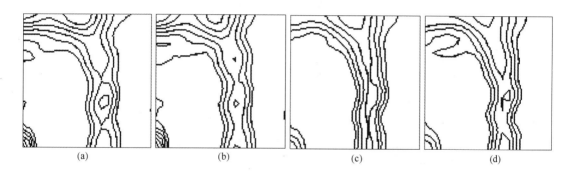

图 5-22 不同速比异步轧制的恒 $\varphi = 45°$ 时的 ODF 截面图（慢辊侧）

（a）1.06；（b）1.19；（c）1.25；（d）1.31

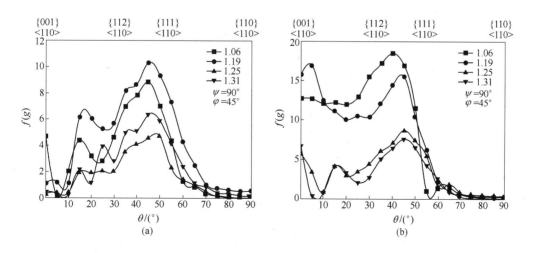

图 5-23 不同速比异步冷轧织构的 α 取向线分析

（a）快辊侧；（b）慢辊侧

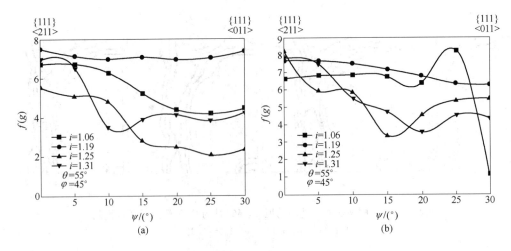

图 5 – 24　不同速比异步冷轧织构的 γ 取向线分析

（a）快辊侧；（b）慢辊侧

5.6　分析与讨论

α 织构和 γ 织构是冷轧织构的主要组分，但其在后续的再结晶退火工艺中有着不同的变化。冷轧的本质主要取决于钢的晶体结构和流变特性，原始织构、形变温度、合金元素和杂质对冷轧织构也有影响。多晶体滑移时由于每个晶粒内部最有利的滑移系统最先开动，因此同时在几个滑移系统上滑移。冷轧时通过滑移进行塑性变形，在塑性变形过程中各晶粒在形状改变的同时也发生转动，各个晶粒的取向会在取向空间内沿不同的轨迹转动，直到晶体不再转动形成稳定的位向为止[1]。初始织构组分中的 （110）[001] 经由 {554} <225 > 再到 {111} <112 >最后向稳定的 {223} <110 >织构附近聚集，{110} 面织构在冷轧过程中绕<110 >轴旋转及其后绕其法向旋转，最后形成 α 织构，{223} <212 >绕<223 >旋转而形成 {223} <110 >，{112} <201 >织构组分绕<110 > 及 <112 >方向旋转而形成不同的 α 织构和 γ 织构。{111} <112 >织构对再结晶织构有重要影响，{111} <112 >织构容易再结晶，{001} <110 >最不容易再结晶。

经较大变形后，各个晶粒的某个方向逐渐集中到施力轴上。总体上来说，晶粒取向会从不稳定取向区转向稳定取向区，在向稳定取向区转变过程中，晶粒会在一些取向区稳定流动[20]。多晶体的体心立方结构金属和合金的冷轧板织构，其滑移系随金属的种类、合金中元素的浓度和轧制温度等而各不相同。体心立方金属的 {110} <111 >滑移系开动，造成相当多的晶粒取向在变形过程中可使晶粒取向汇聚于取向 {110} <001 >附近，然后沿 α 线流向取向的 {112} <110 >、{111} <110 >，人们熟知轧制时位错滑移造成的取向变化趋势是滑移面趋于平行于轧面，滑移方向趋于平行于轧向。异步轧制下的织构的组成与转变与同步轧制基本相同，但在异步轧制中，由于搓轧区的存在，使变形区内部产生不对称形变，这种不对称的金属流变行为在织构的类型和强度上呈现出一种特殊的变化。在搓轧区形成的与剪切应力方向相反的摩擦力，造成了搓轧区上下表面金属流动速度的不同，在变形区产生较大的剪切力，引起较大的剪切变形，形成快辊侧和慢辊侧织构强度的差异。

　　在异步冷轧过程中，由于快慢辊侧速率的不同，导致不同部位受力条件的不同。金属在轧制过程中，由于钢板两侧表面对应轧辊的物理条件和几何条件等因素的差异，往往造成金属塑性流变以轧板平面中界面呈非对称分布。异步轧制的变形模式、应力状态和能量的传递方式均与常规轧制过程不同，同步轧制时，变形区内只存在轧制力，变形过程是单纯的压延变形，当变形量大时，带钢的表面和内部变形均匀，轧制后的组织为均匀的板层状纤维组织。而异步轧制时，在金属变形区内，除存在同步轧制的前滑区和后滑区外，还存在异步轧制所特有的搓轧区。在搓轧区内，除轧制力外，还存在有上、下工作辊对钢板的摩擦力（慢速辊侧的摩擦力指向入口，快速辊的摩擦力指向出口），这对摩擦力方向相反，形成一对剪切力，从而使变形区内的单元体上、下表面的切应力是相反的，这样就造成了轧制变形和力学行为的不对称，导致变形区中竖直单元体上的应力已不对称，产生一个等效内力偶以平衡搓轧区上、下表面互为反向的摩擦力所产生的外力偶，因此，变形区内的变形是压缩、剪切作用叠加的组合过程。这使基体组织单元产生两端相对反向变形的"层搓"现象。当异步速比小、道次压下率较小时，"层搓"组织产生在表层；当异步速比较大、道次压下率也较大时，"层搓"组织产生在带钢基体内部，而且这种组织随轧制道次的增加而增多，多道次轧制后，"层搓"组织将密布于整个带钢基体中；当异步速比很大、道次压下率不够大时，"层搓"组织在带钢表层及其体内部同时出现。显然，这种应力与变形比同步轧制时的应力和应变状态复杂得多，造成应力与应变的梯度增大，塑性形变总耗功愈大，金属晶粒的储能也愈大。

　　$\{111\}<112>$织构比$\{111\}<110>$织构组分取向密度最高，这是和同步轧制不同的。在异步轧制中，由于搓轧区的存在，使变形区内部产生不对称形变，这种不对称的金属流变行为在织构的类型和强度上呈现出一种特殊的变化，形成快辊侧和慢辊侧织构强度的差异。不同速比下，由于快慢辊的速度差异，对搓轧区金属流动速度的影响是不同的，在实验条件下，造成不同速比下织构强度的差异。

　　由于异步轧制完全消除了外摩擦的阻碍作用引起的轧制压力的增加部分，显著降低轧制压力，获得大延伸，提高了轧机的轧薄能力和生产效率，轧制精度也可明显提高。在变形量相同的情况下，异步轧制的钢带比常规同步轧制的强度高，异步轧制加工硬化要比同步轧制快。在相同的压下量下，异步轧制的金属内部总变形量要比同步轧制的高。这主要是因为异步轧制改变了变形区摩擦力的方向，沿接触弧上下摩擦力的方向相反，从而增加了金属的剪切变形。而同步轧制时，变形区上下接触弧的摩擦力方向相同，但就总变形量，异步比同步轧制的大。因而异步轧制的加工硬化值比同步的高，形变能高。从能量角度考虑，轧制时产生的这种切变带比其他的冷轧组织，如滑移、条带组织等更有利，它能提高钢在变形过程中储存的能量。与同步轧制比较，异步轧制时的应力状态复杂，轧制时摩擦力大，应力应变的梯度也大，塑性变形总功耗大，钢带经过冷轧后的储能高。另外，异步轧制还可以抑制冷轧带中的不利织构组分的形成，有助于改善冷轧织构。

5.7　本章小结

　　本章采用同步和异步轧制方法对无取向硅钢进行轧制，定量分析了不同压下率下织构的变化以及织构沿厚度方向的变化、速比对织构的影响，结果表明：

　　（1）在冷轧过程中，随着形变量的增加，冷轧织构组分逐渐向 α 织构和 γ 织构组分聚集。但当压下率达到84%时，织构组分进一步变化，出现了较强的 {001} <120>织构组分。

（2）在异步冷轧过程中高斯织构 {110} <001>组分逐渐减少，直至消失，反高斯 {001} <110>织构组分逐渐增强。

（3）高牌号无取向硅钢常化板材沿厚度方向，从表层到中心区域织构类型是变化的，表层高斯织构较强，中心区域反高斯织构较强，异步冷轧后中心区域继续保持了这种状态，而表层和次表层高斯织构在冷轧后消失。

（4）异步轧制下，快慢辊侧织构类型基本相同，只是强度高低有差别。沿厚度方向织构分布呈非对称状态，慢辊侧的反高斯织构强度明显高于快辊侧的强度，{111}<112>织构组分在表层的强度高于中心区域。

（5）在不同速比下，异步冷轧织构组分均含有反高斯织构以及α织构和γ织构，对于低牌号无取向硅钢，低速比异步轧制织构的强度高于高速比异步轧制织构的强度。

（6）在同步和异步轧制过程中，随着变形量的增加，晶粒逐渐被拉长，同时晶粒也在发生复杂的转动。另外，在显微组织中存在孪晶组织。

参 考 文 献

[1] 赵志业. 金属塑性变形与轧制理论 [M]. 北京：冶金工业出版社，1982，40~41.

[2] 崔建圻. 金属学与热处理 [M]. 北京：机械工业出版社，2004，179.

[3] 何忠治. 电工钢 [M]. 北京：冶金工业出版社，1997，114~120.

[4] 张正贵，姚旭升，祝晓波，左良，王福. 速比对低硅无取向硅钢冷轧织构的影响 [J]. 机械工程材料. 2007，31 (12)：8~10.

[5] M. Enokizono, Y. Hashimoto, H. Mogi. Iron Loss Distribution by Influence of Crystal Grain in Electromagnetic Steel Sheet and Its Two – Dimensional Magnetic Properties [J]. Journal of the Magnetics Society of Japan, 2001, 25 (4 – 2) 899~902.

[6] 李军，杜炳坤. 无取向硅钢薄带的研究 [J]. 金属功能材料，1997，2：79~81.

[7] 张文康，毛卫民，王一德，薛志勇，白志浩. 热轧工艺对无取向硅钢组织结构和磁性能的影响 [J]. 钢铁，2006，41 (4)：77~81.

[8] 张新仁，谢晓心. 高磁感无取向硅钢 [J]. 钢铁研究，2000，4：57~61.

[9] 毛卫民，余永宁. 金属材料各向异性的开发研究 [J]. 金属热处理学报，1997，18 (3)：95~100

[10] 张锦刚，刘沿东，蒋奇武，等. 异步冷轧工艺对IF钢织构的影响 [J]. 材料与冶金学报，2006，5 (2)：129~132.

[11] Mineo Muraki, Tetsuo Toge, Kei Sakata, Takashi Obara, Eiichi Furubayashi. Formation Mechanism of {111} Recrystallization Texture in Ferritic Steel [J]. Iron and Steel, 1999, 85 (10)：41~47.

[12] 金自力，徐向棋. 轧制条件对冷轧无取向硅钢织构的影响 [J]. 特殊钢，2005，26 (2)：25~27.

[13] 毛卫民. 冷轧钢板变形织构的定量分析 [J]. 北京科技大学学报. 1993，15 (4)：369~374.

[14] 刘刚，王福，齐克敏，等. 异步轧制取向硅钢中织构沿板厚方向的分布与发展 [J]. 金属学报，1997，33 (4)：364~369.

[15] 刘刚，齐克敏，贺会军，等. 异步轧制取向硅钢的织构形成与转变机理 [J]. 钢铁研究学报，1999，11 (5)：30~33.

[16] 沙玉辉，刘恩，徐家桢，等. 磁场作用下取向硅钢薄带的再结晶织构 [J]. 东北大学学报，2004，25 (7)：665~667.

[17] 高秀华, 齐克敏, 叶何舟, 等. 异步轧制对硅钢极薄带三次再结晶的影响 [J]. 材料科学与工艺, 2005, 13 (4): 384~386.

[18] 张正贵, 祝晓波, 刘沿东, 王福, 左良. 形变对无取向硅钢冷轧织构的影响 [J]. 钢铁研究学报, 2008, 20 (5): 41~44, 62.

[19] 张正贵, 刘沿东, 左良, 王福. 无取向硅钢异步冷轧织构沿厚度的变化 [J]. 特殊钢, 2007, 28 (5): 19~21.

[20] Dillamore I L, Katoh H. The Mechanisms of Recrystallization in Cubic Metals with Particular Reference to Their Orientation – Dependence [J]. Metal Science, 1974, 8: 73~78.

6 无取向硅钢再结晶织构与组织

6.1 概述

再结晶是金属材料最重要的物理冶金过程。再结晶退火是工业生产中控制和改变金属及合金组织、结构和性能的一种重要手段。早期的研究已经注意到，金属再结晶退火后其晶粒取向均呈不同程度的择优，而对这一现象做出理论上深入探索则是20世纪50年代以后。由于织构对材料的工艺性能及使用性能产生极为重要的影响，因而研究织构与材料性能的关系，进而控制织构以达到控制材料性能，则是织构研究遵循的研究途径。织构研究的目的不仅在于它有助于更好地理解整个再结晶过程的机制，而且也在于它的实际重要性，即整个组态决定材料的性能。再结晶的基本过程是晶界迁移。这点无论对晶粒长大阶段还是晶粒形核阶段都是正确的。如果将具有变形织构的金属材料进行退火，通常会在材料中形成再结晶织构或退火织构，退火织构有时与变形织构相同，有时不同于变形织构。这与退火制度密切相关，即受退火温度、退火时间等的影响[1]。高牌号无取向硅钢主要用于发电机和大电机，广泛用于电力、军事等行业，是重要的软磁材料，低的铁损及高磁感应强度是硅钢十分重要的技术指标。为了降低电能在铁芯中的损耗以及减小设备的体积和减轻其重量，希望硅钢片的磁导率高，铁损低。减小厚度和改善织构是降低铁损的有效途径[2]。硅钢是晶体材料，其中各个晶体学方向上的磁性能是不同的。因此，如果能制备出有明显各向异性的织构材料，将性能优异的晶体学方向转置到最需要的方向上，这样既可以保持金属材料的原有全部优点，又可以使所有需要的性能得到显著的提高。硅钢的[001]方向是易磁化方向[3]，通过优化工艺过程的办法获得[001]方向的择优取向是获得高质量硅钢片的有效途径。对于用于旋转电磁场的软磁硅钢，要使相应的无取向硅钢板具有强的 {hkl} 面平行轧面的纤维织构，而 <001> 方向在轧面中呈360°均匀分布，从而使电磁场在旋转过程中始终可以利用钢板较好的软磁性能。

本章通过对异步轧制高牌号无取向硅钢进行不同温度和时间的退火，来研究异步轧制速比、再结晶退火温度、退火时间对高牌号无取向硅钢再结晶织构和显微组织的影响，初步探讨高牌号无取向硅钢再结晶织构的形成机理，为工业生产某些重要的工艺参数的制定提供理论基础。

6.2 金属的再结晶与再结晶织构

自1881年德国结晶学家Kalisher在冷轧锌板加热过程中发现了再结晶现象以来，有关金属及合金的再结晶行为一直是各国学者的主要研究领域之一[4]。

再结晶一般是指金属冷形变后的初次再结晶，并把开始形成稳定的再结晶晶核作为再结晶的开始，其后晶核通过大角度晶界的迁移，消耗形变或经回复的基体而长大，因此可以说，再结晶过程是新晶粒的形成和长大过程。对于无大角度迁移的微观结构变化过程称之为回复或"原位再结晶"（Recrystallization in Situ）。

再结晶的驱动力源于回复后还没有释放的形变储能，它约占总形变储能的90%以上。再结晶进程取决于由形变缺陷组态决定的形变储能的大小、加热速度、加热温度和时间、储能释放率等。整个变化过程可划分为三个衔接而又重叠的阶段，即回复、再结晶和晶粒长大[5]。Burke 和 Turnbull 等将影响再结晶过程的一些参量总结为如下"再结晶定律"：

（1）需要超过某个最小的形变量才能发生再结晶。

（2）形变量越小，发生再结晶所需的温度越高。

（3）初次再结晶后晶粒尺寸主要取决于形变量，而与退火温度关系不大；形变量愈大，退火温度愈低，晶粒尺寸愈小。

（4）原始晶粒尺寸愈大，获得相同的再结晶温度和时间所需的冷加工形变量愈大。

（5）新晶粒不会长入取向相同或略有偏离的形变晶粒中。

（6）再结晶完成以后继续加热，引起晶粒尺寸增大。

6.2.1 一次再结晶核心的形成机理

再结晶是一个形核和长大的过程。其中再结晶核心的形成机理是再结晶理论中的关键问题。到目前为止，较能为人们所接受的形核理论大体分两类，其一是亚晶形核机制，其二是原先存在的晶界突出形核机制[6]。

6.2.1.1 亚晶长大形核机制

亚晶形核有两种机制，一种是区域多边化后的亚晶的直接长大，另一种是亚晶通过聚集合并而长大。亚晶直接长大形核的概念，认为多边化后的亚晶依靠亚晶界的迁移，在消耗其他亚晶的基础上长大，吞并形变基体而发展成为再结晶晶核。多边化后的点阵畸变区域不足以形核，因为晶界生长速度强烈依赖于晶界两侧的位向差，而多边化后的亚晶的位向差通常仅为几度，从动力学角度分析，只有大角度晶界才可能使晶粒向任意方向长大。形核区域应含有大角度晶界，至少有一部分晶界的取向差为高角取向差，从而在动力学上能够快速迁移。胡郇首先观察到了亚晶聚合长大形核的现象，并提出了相应的亚晶聚合长大模型。该模型首先假定组成亚晶界的位错可以通过滑移和攀移逐渐消散而使亚晶聚合，形成一无应变的再结晶晶核，其周围为大角晶界，其后晶核通过大角度晶界迁移而长大。根据现代的研究，再结晶核心的形成的确与位错重组和再结晶前的多边形化有关。从目前来看，亚晶聚合模型最能符合再结晶实际情况，这是因为：1）根据位错理论，亚晶界通常为小角晶界，位向差只有几度，理应很难移动；2）稳定的再结晶晶核必须超过所需的临界尺寸；3）晶核在形成具有高迁移率的大角晶界之前必定能以相当大的速度长大，而亚晶聚合长大模型可以满足上述条件。然而直到现在，一些人对该机制仍然存有异议，主要怀疑点是认为利用 TEM（Transmission Electron Microscopy）观察试样时获得的亚晶界消散的实验证据不充分。

6.2.1.2 晶界突出形核机制

晶界突出形核的成因主要是原始晶界两侧的应变不同而产生不同的储能。晶界在储能的驱动下弓出时，在移到过程中产生基本无变形区域而形核，众多研究者在不同的材料中观察到了这种现象[7]。当冷形变量很低时，形变金属中不同取向的晶粒所经受的形变量不同，因而它们的位错密度会有所差别，在一定的加热温度下，当晶界两侧的晶粒中的位错密度相差较大时，会造成该晶界向位错密度高的晶粒一侧突然移动（晶界弓出）而形核。当形变量较大时，大角晶界两侧的位错密度没有大的区别，因而出现晶界弓出形核的可能性较小。晶界形核模型是众多研究者实验观察的结果，其真实性在某种程度上是不容置疑的，但是在某些情况下，晶界形核并不是重要的形核方式（如单晶体的再结晶过程）。因而，这一模型的普遍性也欠佳。

由于金属形变畸变所导致的基体结构的复杂性，再结晶过程又受众多因素的影响，形核机制虽历来为人们所重视并取得了大量的研究成果，但许多问题还有待进一步深入的研究。

6.2.2　晶界迁移

再结晶晶核长大过程就是晶界向形变区迁移的过程。由于晶界对材料性能的重要影响，人们很早就对包括晶界迁移在内的有关晶界行为的研究给予了足够的重视。Graham 和 Cahn 认为，对于大角度晶界来说，晶界的迁移对晶体取向差不敏感，但 Liebmann 等研究了铝再结晶过程中晶界迁移的动力学情况，发现随退火时间增加晶界迁移率大大下降，并解释为这是由于形变基体回复以至于驱动力减小所造成的，除此之外，他们得出的重要结论是，具有绕 <111> 轴旋转大约 40°关系的晶界迁移速率最大（图 6-1）。以上两种矛盾的说法被解释为可能与所研究的材料杂质含量不同有关。

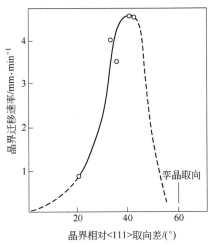

图 6-1　铝晶界迁移速率与晶界
取向差的关系

后来的研究结果表明，大角晶界中特殊位向的晶界具有特殊的迁移性质，这类特殊晶界主要指重位点阵晶界（Coincident Site Lattice，CSL），亦即通常所谓的晶界。晶界的这种特殊的迁移性质在冷轧单晶体再结晶晶粒生长过程中表现得非常突出，并以此来解释再结晶织构的形成机制。Aust 和 Rutter 对晶界结构与取向差对晶界迁移的影响进行了研究，阐明了大角度晶界具有高的迁移速率的原因。这一点对理解亚晶聚合形核有相当大的帮助。当再结晶晶核生长为再结晶晶粒时，大角度晶界的存在或形成将起着决定性的作用。晶界迁移除依赖晶界结构本身外，受杂质的影响也非常大。Aust 和 Rutter 的研究结果表明，铅中锡杂质对 40°<111>、23°<111> 及 28°<111> 晶界和随机取向差晶界的迁移均有阻碍作用，但对随机取向差晶界迁移的阻碍作用影响更大（图 6-2）。这表明杂质对晶界迁移的影响同样依赖于晶界结构。

6.2.3　再结晶织构机理

再结晶织构也称初次再结晶织构或退火织构。与冷轧织构相比，由于再结晶和晶粒长大的特点是大角晶界迁移，所以伴随着织构发生了很大的变化。再结晶织构常以某些特定

的位向关系与冷轧织构相联系。再结晶织构主
要与在形变基体中一定位向的新晶粒择优生核
有关。再结晶早期阶段新晶粒的位向分布就基
本确定了再结晶织构组分。再结晶织构的形成
理论有以下两种情况。

6.2.3.1 定向生核理论

定向生核理论（Oriented – Nucleation theory,
简称 ON 理论）首先由伯格（W. G. Burgers）[8] 提
出，随后其他几位学者也提出了相同的观点。
该理论认为，再结晶织构的取向在其生核阶段
就已经确定。再结晶织构仅在与形变基体成某
一特定的晶体学取向上产生，只有非随机取向

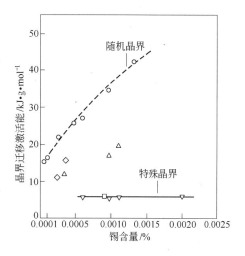

图 6 - 2　铅晶界迁移激活能与锡偏聚的关系

晶核才能生长，并且成为主要的晶粒取向，所有新晶粒向基体中生长的速度相同。该理论
在处理再结晶晶粒和形变基体间的取向关系时认为，再结晶晶粒取向的择优取向是被一些
晶核的取向所左右[9]。

Dillamore 和 Katoh[10,11] 在完全约束的 Taylor 模型下，提出了特殊的定向形核机制。他
们预测了立方系金属变形时的取向变形及其再结晶织构，并在试验中得到了验证[12]。在
面心立方金属形变织构向再结晶织构转变的研究中，已有大量的证据支持 Dillamore – Ka-
toh 的特殊定向形核机制[13~15]。Hutchinson[16] 对纯铁双晶样品的实验表明，它的再结晶
织构在冷轧存储能较高的 {111} 取向区域的晶界上优先通过亚晶的快速生长或合并而形
核。Inokuti[17] 等利用 Kossel 花样对硅钢晶粒的取向进行了逐一的测量，结果表明其再结
晶过程主要以定向形核为主。定向生核理论对低碳钢中形成强的 {111} 再结晶织构也起
重要作用。

定向形核理论的出现使得人们对许多金属的再结晶过程有了一定的认识和理解。由于
实际金属再结晶过程的复杂性和众多的影响因素，定向形核理论仍不能较好地解释实际金
属中经常出现的再结晶织构变化的现象。在很多情况下定向形核并不是再结晶的主要机
制。即使在定向形核占主导地位的再结晶过程中也不能排除其他机制的作用。

6.2.3.2 定向生长理论（Oriented Growth, OG）

定向生长理论（简称 OG 理论）首先由 Barrett 提出。OG 理论认为，严重形变的金属
中存在着数目众多的各类取向的晶核，但只有那些与形变位向合适的晶核才能获得最大的
迁移率，从而抑制其他取向的晶粒生长而形成再结晶织构。许多研究者对不同金属进行了
大量的关于晶界迁移率与晶粒取向关系的研究工作[18~20]。实验结果表明，具有以下位向
关系的新晶粒具有较高的生长速率：对于面心立方金属为 40° <111> 关系；对于体心立
方金属为 27° <110> 关系；对于密排六方金属为 30° <0001> 关系。上述结论是建立在大
量实验结果的统计分析基础之上的，因而具有无可辩驳的说服力。

后来，人们在多晶体中也找到了许多实验证据证实了再结晶织构、特别是形变 fcc 金
属再结晶立方织构 {001} <100> 的形成是选择生长的结果。Duggan[21] 等应用显微织构

的统计分析方法，对深度轧制的铜的再结晶立方织构的形核过程进行了研究，发现在形变基体中，立方带与形变织构 C {112} <111>、S {123} <634> 和 B {110} <112> 组分邻近；退火时立方带弓出形核而其他取向则没有；再结晶立方晶粒主要吞噬邻近的与其呈 40° <111> 取向关系的基体长大。由此，Duggan 认为 40° <111> 的晶界具有最大的迁移速率，从而导致"显微择优生长"（Micro - growth Selection）。Vatne 用相同的方法在对铝的研究中也得到了相似的结果，但 Vatne 认为，S 取向的亚晶具有最大的形变储能，而立方取向的亚晶具有最小的形变储能，两者的综合作用使得立方取向亚晶具有最大的弓出驱动力，导致立方晶核的"择优生长"。长期以来，人们一直不能从物理上解释选择生长的本质。毛为民[22] 从原子极限和平均的跳动距离的概念出发，提出了面心立方金属中选择生长的原子模型，指出具有 38.21° <111> 取向关系的晶界比其他取向关系的晶界更有利于原子的迁移，进而较好地解释了面心立方金属中 40° <111> 取向关系的晶界择优生长的物理本质。

定向生长理论是建立在许多实验事实基础上的，并能很好地解释许多现象。然而，与定向形核理论一样，由于再结晶过程的复杂性，该理论也不能够解释很多情况下多晶体再结晶织构的形成。

6.2.3.3　定向形核 - 定向生长理论（ON - OG）

鉴于以上两理论具有一定的互补性，人们自然地提出了再结晶织构形成的综合理论，即定向形核 - 定向生长理论。该理论认为形核过程支配了一些有效的取向区域，而与取向有关的生长则进一步在这些有效取向区内作选择生长。综合理论一度不被人们认可，但是，随着对各种材料的再结晶过程的深入研究，研究者越来越意识到就再结晶过程而言，不可能仅仅存在上述的某一种机制，在许多情况下是两种机制同时起作用。

6.2.4　再结晶织构与晶界特征分布

鉴于单晶体铁沿 <100> 方向易磁化，Goss[1] 提出了 Fe - 3% Si 的生产方法，即利用冷轧退火方法获得 {110} <001> 织构（Goss 织构），从而提高其磁导率、降低涡流损耗和磁滞损耗。这是人们利用再结晶织构有效控制材料性能的良好开端。经过半个多世纪的研究和努力，Fe - 3% Si 合金的织构能够得到较好的控制，从而使取向硅钢的磁性能得到很大的提高。人们除利用二次再结晶织构，还利用三次再结晶织构以最大限度地提高硅钢磁性能。随着轧制技术的进步，异步轧制技术在硅钢的生产与织构控制方面得到深入研究，利用异步轧制技术并结合适当的退火工艺，可使 Fe - 3% Si 板材磁性能普遍优于常规轧制的同厚度产品。近年来，国际上开始重视 Fe - 6.5% Si 合金的研制，一旦生产工艺稳定，织构控制必将成为该合金研究的中心问题。

随着汽车工业的发展，汽车用 IF（Interstitial Free）深冲钢板的产量日益增长。20 世纪 90 年代初，我国也开始了 IF 钢的研制和生产。IF 钢优异的深冲性能除与化学成分和轧制、热处理工艺密切相关外，再结晶织构起着至关重要的作用。由于体心立方金属在垂直于板的轧面方向上沿 <111> 形变抗力最大，故纤维织构（<111> // ND）的存在将有利于深冲性能的提高。如何获得强的纤维织构是改善和提高 IF 钢深冲性能的关键。纤维织构是体心立方金属冷轧织构的主要组分。在实际生产中为获得高的 r 值，普遍采用大于或等于75%的冷轧形变[23]。再结晶退火后，IF钢纤维织构不仅不会减弱，反而进一步增强，而其他冷轧织构组分减弱甚至消失，这是人们利用再结晶织构增强材料性能的又一重要方面。

此外，金属的弹性各向异性和强度的各向异性对金属的加工和使用都有重要影响。如何调整与控制织构对提高材料工艺性能与使用性能具有重要的实际意义。例如，对于研究具有基面 $\{0001\}$ //ND织构的抗穿甲钛合金板、各种深冲产品制耳的消除等，再结晶织构的控制起着关键性的作用。

鉴于晶界对多晶体材料物理及化学性能具有十分重要的影响，人们对晶界问题的研究愈来愈重视。关于晶界结构，Rosenhain和Humphrey早在1913年就曾提出过可将晶界视为非晶薄膜的假设。至此以后，相继出现了众多晶界结构模型。其中Kronberg和Wilson基于重位点阵的概念提出的重位晶界模型和Bollmann提出的O-点阵模型，当属经典晶界周期性结构模型的突出代表[24]。大量的实验结果表明，晶界行为强烈依赖于晶界的取向差，即晶界结构。

随着材料科学测试手段的不断发展和完善，人们对晶界结构的研究也逐步深入，并获取了一些有关晶界结构的重要信息。然而，长期以来利用晶界增强多晶材料性能只限于细化晶粒。20世纪80年代中期，日本材料学家Watanabe提出了一个与多晶材料中晶界相关的新的显微结构参数，即晶界特征分布（Grain Boundary Character Distribution，简称GB-CD），同时提出了"晶界设计"的概念。进入90年代，随着晶体取向分布函数理论与测试技术的逐步完善，以及SEM-EBSP技术的出现和发展，为GBCD测试与表征奠定了坚实的基础。

基于ODF，Bunge[25]于1982年提出晶界差取向分布函数（MODF）的概念，这一新的描述晶界结构的微观统计方法能确切、定量地给出材料中取向差为 Δg 的晶界几率分布。可以预见，增加特殊晶界在整个材料中所占份额，将有利于改善和提高材料的总体性能。近年来，GBCD理论与实验研究表明[26,27]，GBCD与织构类型和锐度密切关联。

对于高形变金属及合金，冷轧织构对GBCD无实际意义，通过再结晶织构调控GBCD是晶界设计的有效途径。再结晶织构的形成，一方面可形成相对集中的取向分布，大大增加了小角晶界的频度；另一方面，按定向生长理论，再结晶织构组分与形变织构组分具有某种特殊的取向关系（如再结晶立方织构组分与冷轧 S 织构组分存在 $38.2°<111>$ 取向关系，$\Sigma=7$），再结晶后如能保持两织构组分并存，势必会增加这种特殊晶界的频度，从而有利于改善决定于晶界的材料宏观性能。

6.3　再结晶退火试验方法

再结晶退火在WZK晶闸管控制氢气烧结炉中进行。样品为同步和异步冷轧后的0.5mm厚的冷轧硅钢片，根据织构测试及磁性测量的不同而加工成不同的尺寸大小的样品。退火温度选取了四种温度（750℃、800℃、850℃、900℃），不同温度下的退火工艺见图6-3。在

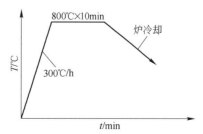

图6-3　再结晶退火工艺示意图

750℃进行了不同时间的再结晶退火，时间分别选取2min、5min、10min、15min。

6.4 不同退火温度的再结晶织构及组织

6.4.1 不同温度退火后的再结晶织构

图 6-4 ~ 图 6-9 是在不同速比下异步冷轧的样品（厚度为 0.5mm）分别在 750℃、800℃、850℃、900℃保温 10min 后的 ODF 恒 $\varphi = 45°$ 截面图。由图可知，在 750℃ 退火时，主要织构组分为 γ 织构，α 织构组分减弱。在温度升高到 800℃ 时，织构组分逐渐趋于集中，主要织构类型为 {111}<110> 和 {111}<112> 织构强度织构。而温度升高到 850℃ 和 900℃ 时，{111}<110> 和 {111}<112> 织构强度，并没有继续聚集使其强度升高，而是表现出织构组分有分散的趋势，{111}<110> 和 {111}<112> 织构减弱，而有向 {118} 和 {1115} 以及 {001} 面织构聚集的倾向。快慢辊侧均表现出相同的变化趋势，只是强度有所不同，慢辊侧的强度高于快辊侧，不同速比下的样品基本表现出类似的规律。

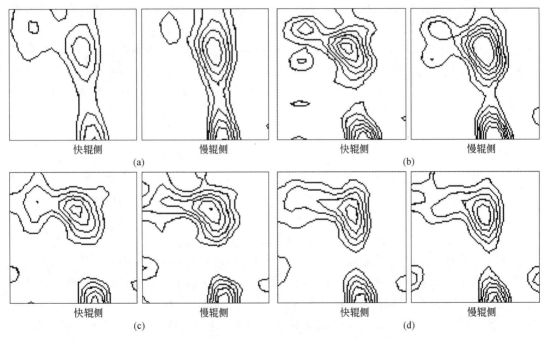

图 6-4 温度对再结晶织构的影响（速比 $i = 1.06$）

(a) 750℃；(b) 800℃；(c) 850℃；(d) 900℃

进一步的定量分析如图 6-8 和图 6-11 所示。从图 6-8 可以看出在 750℃ 下的 α 织构的强度高于其他温度下的织构强度，在 {114}<110> 和 {111}<110> 附近出现峰值，快辊侧 800℃ 下在 {118}<110> 也出现峰值，慢辊侧 850℃ 下在 {1115}<110> 也出现峰值。在 900℃ 下，织构强度的变化不明显。从图 6-9 可以看出，在 800℃ 退火，{111}<110> 和 {111}<112> 织构强度最高，750℃ 下退火的 {111}<110> 和 {111}<112> 织构强度不如 800℃ 时高，而在 850℃ 和 900℃ 下退火时，{111}<110> 和 {111}<112> 织构强度比 750℃ 和 800℃ 都低。从图 6-10 和图 6-11 可以看出，在 750℃ 退火时，速比对高牌号无取向硅钢再结晶织构影响不大[28]。

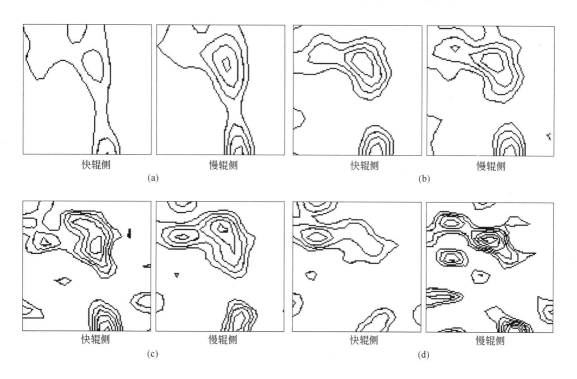

图 6 − 5 温度对再结晶织构的影响（速比 $i = 1.19$）

（a）750℃；（b）800℃；（c）850℃；（d）900℃

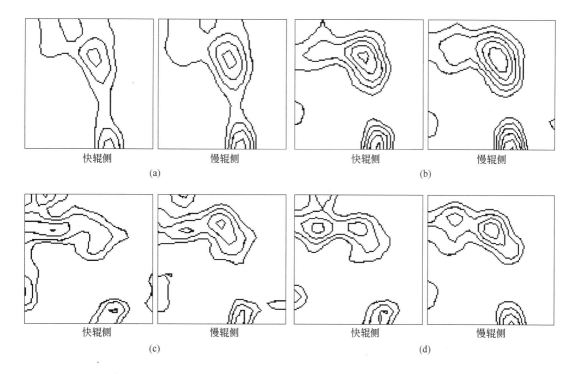

图 6 − 6 温度对再结晶织构的影响（速比 $i = 1.25$）

（a）750℃；（b）800℃；（c）850℃；（d）900℃

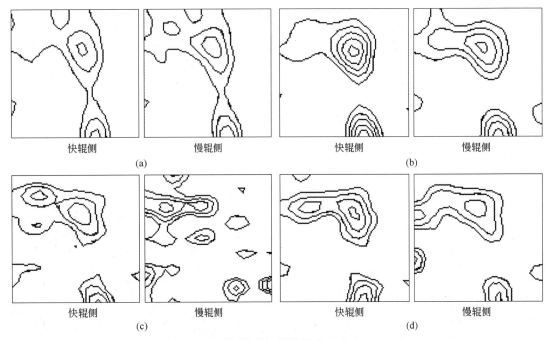

图6-7 温度对再结晶织构的影响（速比 $i=1.31$）

（a）750℃；（b）800℃；（c）850℃；（d）900℃

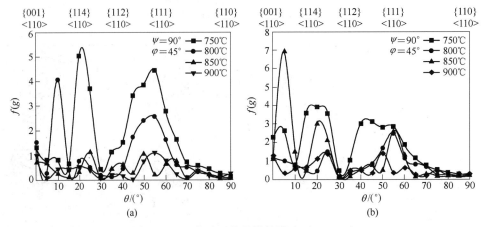

图6-8 温度对 α 取向线的影响（$i=1.06$）

（a）慢辊侧；（b）快辊侧

6.4.2 不同温度退火后的显微组织

图6-12为速比 $i=1.19$ 时不同温度下保温10min的显微组织。从图中可以看出，在750℃保温10min退火时，再结晶已基本完成，但晶粒大小不同，晶粒还未来得及长大，最大晶粒尺寸不超过100μm，最小晶粒的尺寸在10μm左右。而在800℃下保温10min时，晶粒已长大，晶粒平均尺寸在100μm左右，晶粒大小比750℃时要均匀得多。而在850℃和900℃下保温10min时，晶粒长得比较大，晶粒尺寸在500μm左右。随着退火温度的升高，平均晶粒尺寸增加。

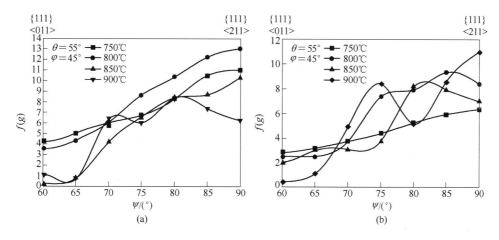

图 6-9　温度对 γ 取向线的影响 （$i = 1.06$）

（a）慢辊侧；（b）快辊侧

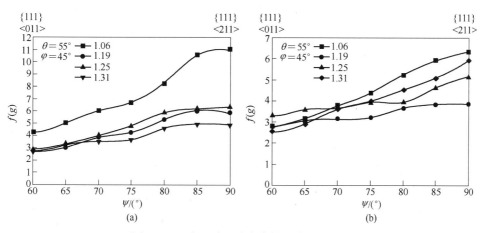

图 6-10　速比对 γ 取向线的影响 （750℃）

（a）慢辊侧；（b）快辊侧

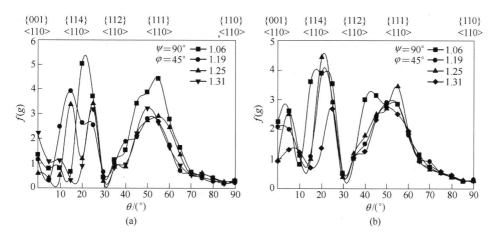

图 6-11　速比对 α 取向线的影响 （750℃）

（a）慢辊侧；（b）快辊侧

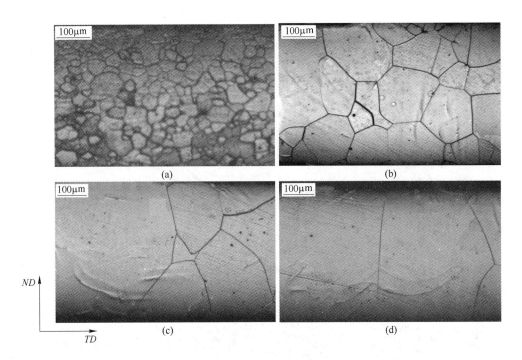

图 6 – 12　不同退火温度的金相显微组织

(a) 750℃；(b) 800℃；(c) 850℃；(d) 900℃

图 6 – 13 为 900℃退火时，不同速比下的再结晶组织。从图中可以看出，在不同速比

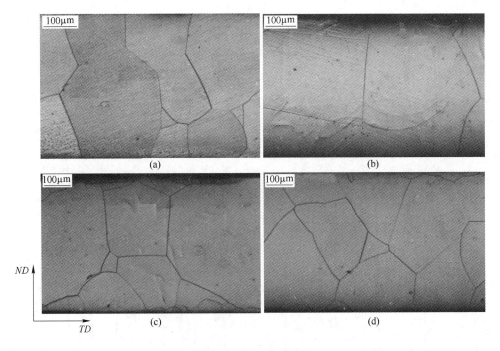

图 6 – 13　速比对组织的影响（900℃，10min）

(a) $i = 1.06$；(b) $i = 1.19$；(c) $i = 1.25$；(d) $i = 1.31$

下，组织均出现大晶粒，也有小晶粒，这说明在试验条件下出现了二次再结晶组织。速比对再结晶具有一定的影响，但在该温度下的影响不显著。

6.5 不同退火时间的再结晶织构及组织

对速比 $i = 1.19$ 的异步轧制样品，在 750℃ 进行了不同时间（2min、5min、10min、15min）的再结晶退火。不同退火时间的恒 $\varphi = 45°$ 时的 ODF 截面图如图 6 - 14 所示。在退火 2min 时，织构类型主要为反高斯织构组分和 α 织构组分，退火 5min 时织构类型与 2min 差别不大，但可以看出反高斯织构组分强度减弱，退火 10min 到 15min，织构组分逐渐向 {111} <112> 聚集，在退火 15min 时有出现少量高斯织构。图 6 - 15 为不同时间下再结晶退火后的纵向组织。从图中可以看出在 2min 和 5min 时，再结晶还未完成，中心区域还有很多冷轧组织，而两侧再结晶组织较多，说明退火过程中再结晶晶粒的形核时间是不同的，表层附近区域先形核，中心区域再结晶晶粒形核比表层晚，这反映出异步轧制过程中，从表层到中心区域变形是不同的。到 10min 再结晶基本完成，但中心区域还能看到没有完成再结晶的晶粒组织，15min 时再结晶已完成，晶粒开始长大，小晶粒为初始再结晶组织，大晶粒为二次再结晶组织[29]。

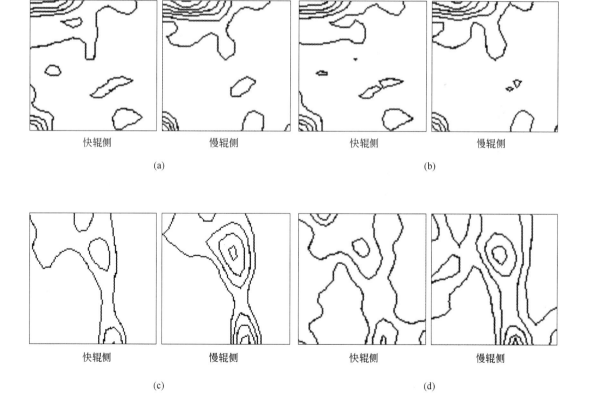

快辊侧　　　　　　慢辊侧　　　　　　快辊侧　　　　　　慢辊侧

(a)　　　　　　　　　　　　　　(b)

快辊侧　　　　　　慢辊侧　　　　　　快辊侧　　　　　　慢辊侧

(c)　　　　　　　　　　　　　　(d)

图 6 - 14　不同退火时间的恒 $\varphi = 45°$ 时的 ODF 截面图
（a）2min；（b）5min；（c）10min；（d）15min

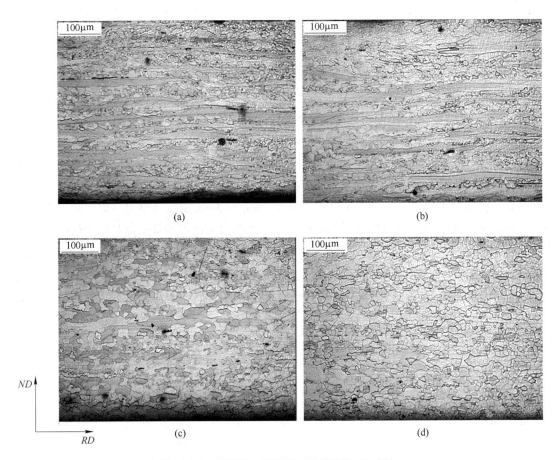

图 6-15 不同退火时间的再结晶组织（750℃）

（a）2min；（b）5min；（c）10min；（d）15min

6.6 无取向硅钢织构的演变

6.6.1 常化材料及冷轧样品的织构

原材料常化板材的恒 φ = 45°时的 ODF 截面图如图 5-14 所示，定量分析的织构组分如图 6-16 所示。

以速比 i = 1.06 异步轧制后样品的恒 φ = 45°时的 ODF 截面图如图 6-17 所示，冷轧后样品的 α 及 γ 取向线分析如图 6-18 所示。从图中可以看出样品中存在较强的反高斯织构组分 $\{001\}$ < 110 > 及 α 织构和 γ 织构，慢辊侧的织构强度比快辊侧的强度要高许多，部分织构组分强度比快辊侧高几倍。

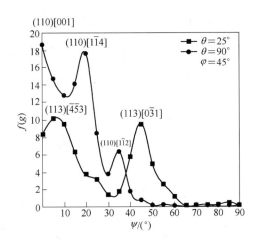

图 6-16 原材料的初始织构组分取向密度

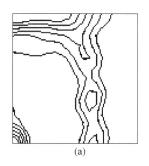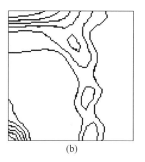

图 6 – 17　异步冷轧样品的恒 φ = 45°时的 ODF 截面图
（a）快辊侧；（b）慢辊侧

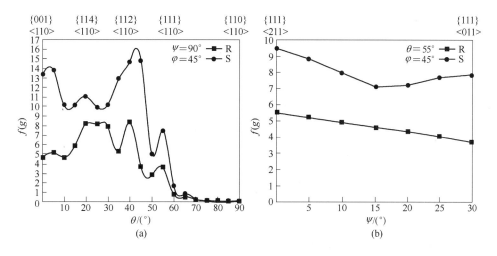

图 6 – 18　异步冷轧织构的取向线分析
（a）α 取向线的取向密度分布；（b）γ 取向线的取向密度分布

6.6.2　再结晶退火织构

　　冷轧板 750℃ 退火后的恒 φ = 45°时的 ODF 截面图如图 6 – 19 所示，取向密度分布如图 6 – 20、图 6 – 21 所示。冷轧时的反高斯织构，其取向密度在退火后明显降低，慢辊侧降低尤其明显。另外退火后 {111}＜112＞织构组分增强了[30]。

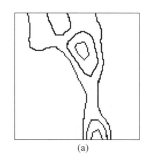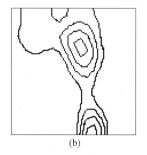

图 6 – 19　退火织构的恒 φ = 45°时的 ODF 截面图（t = 750℃，i = 1.06）
（a）快辊侧；（b）慢辊侧

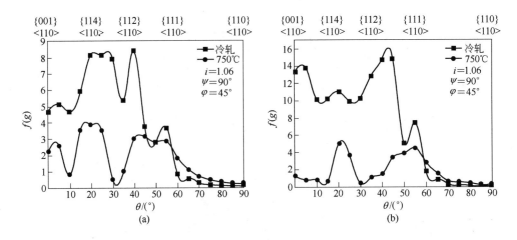

图 6-20 再结晶退火与冷轧时 α 取向线的取向密度分布（$t = 750℃$）

（a）快辊侧；（b）慢辊侧

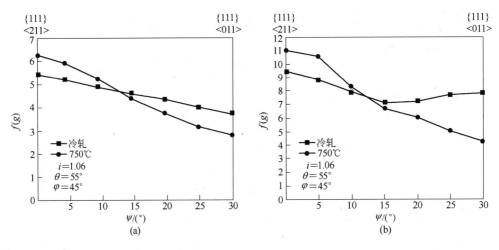

图 6-21 再结晶退火与冷轧时 γ 取向线的取向密度分布（$t = 750℃$）

（a）快辊侧；（b）慢辊侧

6.7 分析与讨论

再结晶退火是依靠热激活使高储能不稳定的形变组织转化为低储能稳态的再结晶组织的过程，主要包括回复、再结晶和晶粒长大等。金属与合金在塑性变形时所消耗的功，绝大部分转变成热而散发掉，只有一小部分能量以弹性应变和增加金属中晶体缺陷的形式储存起来。形变温度越低，形变量越大，则储存能越高。其中的弹性应变能只占存储的一小部分，约为 3% ~ 12%。晶体缺陷所储存的能量又叫畸变能，空位和位错是其中最重要的两种。这两种相比较，空位能所占的比例较小，而位错所占的比例较大。总体来看，储存能的总值还是比较小的。但是，由于储存能的存在，使塑性变形的金属材料的自由能升高，在热力学上处于不稳定的亚稳定状态，它具有向形变前的稳定状态转变的趋势，但在常温下，原子的活动能力很小，使形变金属的亚稳定状态可维持相当长的时间而不发生明显的变化。如果温度升高，原子有了足够高的活动能力，那么，形变金属就能由亚稳定状态向稳定状态转变，储存能是这一转变的驱动力。温度越高原子所获得的能量越高，越容易发生再结晶，晶粒尺寸越大。

在退火过程中，变形的晶粒内部开始出现新的小晶粒，随时间的延长，新晶粒不断出现长大，这个过程一直进行到塑性变形后的纤维状晶粒完全改组为新的等轴晶粒为止。750℃退火得到的晶粒比较混乱，大小不一。该条件下的晶粒大部分是小晶粒，这些晶粒的尺寸大小相差较大。图中的小晶粒为正在长大的再结晶晶粒，但长大并不充分。800℃退火得到的晶粒比较均匀，图中的晶粒远远大于750℃退火得到的晶粒，850℃和900℃退火得到的晶粒尺寸更大。这是由于异步轧制时产生的剪切变形提供了基体内晶粒储存的能量，同时剪切带变形区可以提供良好的形核和长大条件，有利于快速形核，并且剪切带区内亚晶取向多样性也为不同取向晶核的生长创造了条件，从而增大了大角度晶界产生的可能，有利于亚晶的长大。在再结晶正常长大以后，储能高的亚晶会继续长大，造成晶粒大小的不同。

回复是空位迁移消失、位错聚合、互相抵消的过程，即形变胞状结构转变成亚晶结构的过程。冷变形后由于多系滑移和交滑移产生位错的交割与缠结而形成位错密度和形变储能很高的形变亚晶，温度升高时，形变内的位错通过攀移和滑移被吸引到胞壁上进行重新调整和排布，并在变形的晶粒内形成内部位错密度相当低、取向差小的亚结构。回复的驱动力是形变储能。固溶合金元素降低堆垛层错能，使位错攀移、交滑移和脱钉困难，阻止回复的进行。

再结晶包括再结晶形核和长大，储能、形核地点和晶界迁移能力是影响再结晶的主要因素。再结晶驱动力是回复以后还没有释放的那部分储能，与亚晶内的位错密度有关。再结晶核由变形或回复中形成的某种亚结构生成，能成为再结晶晶核的亚结构必须具备足够的尺寸和与周围有足够大的取向差[31]。晶粒长大是以长大晶粒的晶界向外迁移方式进行的晶界迁移过程。晶界迁移的驱动力是再结晶晶粒与周围变形基体之间的应变能之差。

在异步轧制条件下，存在着强烈的剪切变形，在相同的变形条件下，异步轧制等效应变更大，这种复杂的应力状态造成了大的应力与应变的梯度，使得冷轧带钢中的畸变能升高，再结晶退火时，以这种储存能为再结晶驱动力的再结晶晶粒数量就会大量增加。剪切变形大小是由异步轧制时轧辊速比决定的，它直接影响晶格畸变程度，进而影响初次再结晶晶粒的成长和发育。从试验结果看，对高牌号无取向硅钢，速比对织构的影响不是很明显，不同速比下的织构类型没有变化，但快慢辊侧织构的强度有所变化。织构类型均为 {111}<110> 和 {111}<112> 织构。在同样压下率的情况下，异步轧制的速比越大，经过剪切变形的晶粒储能畸变能越大，晶粒的能量越高，退火时较储能低的晶粒更容易发生再结晶的形核和长大。但是影响再结晶晶粒的因素还有温度、时间等，它们的交互作用决定着再结晶组织和织构。在本试验条件下，由于温度高，时间长，由速比所造成的畸变能差，并不起主导作用，因而，在试验所选速比下，晶粒尺寸相差不大。

从微观机理看，在再结晶开始阶段，变形基体会出现某种经回复造成的低缺陷密度的亚结构，如果亚结构的取向在聚集区附近，则亚结构与变形基体之间的晶界不是可动性较高的大角度晶界，不易作为再结晶核而长大，因为取向梯度小、亚结构与变形基体的取向差小；如果亚结构的取向位于过渡带内的离散区附近，则亚结构附近的取向梯度较大，亚结构与变形基体取向差大，因而可形成可动性较大的大角度晶界，这样亚结构可以很快转变成再结晶核[32]。

一般而言，晶界处是优先生核位置并容易形成选择性很强的 {111} 位向织构。一方面由于晶界附近经受了最严重的应变而应变又引起原始晶界移动，因而在晶界附近优先发生亚晶粒长大或聚合过程并可形成高迁移率的大角度晶界；另一方面，由于晶界附近形变大，形成的位错胞小，容易往同一方向转动而获得强的 {111} 冷轧织构组分，高储能晶界附近将优先生核并易形成 {111} 再结晶织构。晶粒越细，{111} 再结晶织构的发展越强；而原始晶粒较大时，冷轧使晶粒破碎成为几个镶嵌块并在晶粒边界处形成切变带，退火时易在切变带地区形成{110} <001> 晶核而不利于{111} <110 >织构的发展[33]。

影响冷轧无取向硅钢磁性能的主要因素有[34]：晶粒尺寸、夹杂物、晶体织构、内应力、钢板厚度、钢板表面状态和化学成分等。在本次试验中，各试样主要差别是晶粒尺寸和晶体织构。晶界越多，磁滞损耗越大，随着晶粒的长大，磁滞损耗降低。另一方面，随着晶粒的长大，反常涡流损耗都增加。因此，要获得最低铁损，有一个合适的临界晶粒尺寸。晶粒尺寸对磁感的影响比较复杂，如果仅从晶界阻碍磁化的角度讲，晶粒越大，晶界越少，磁感应该越高。在强磁场下，由于磁化进入转动磁化阶段，晶体织构对磁化难易程度的影响较大，由于晶粒尺寸变化通常导致晶体织构也发生变化，磁感不一定随着晶粒尺寸的增加而提高[35]。

从能量上讲，形变织构→再结晶织构过程就是一种自由能较高的各向异性状态，通过热激活向另一种自由能较低的各向异性状态转变。根据形变储能与再结晶形核和晶粒长大关系，再结晶织构的形成机理主要有定向形核理论和定向长大理论。根据定向形核理论，再结晶时形成具有择优取向的晶核并长大，即高能区择优形核、随后无畸变新晶核吞并较高能基体长大，因此退火时冷变形状态高能位向增加，较低能量位向减少。而定向长大理论，形变基体内存在着所有的晶核，再结晶退火时几乎同时开始成长，但只有相对于基体取向具有最大晶界迁移速度的晶核长大得最快，而晶界移动较慢的晶核将被吞并掉，最后形成以长大最快的晶核在择优取向的再结晶织构，因此退火时冷变形状态低能位向增加，较高能量位向减少[36]。在加热过程中，由于原子具备了足够的活动能力，偏离平衡位置大，能量较高的原子，将向能量较低的平衡位子偏移，使内应力得以松弛，储存能也将逐渐释放出来。

总之，形核动力和亚晶界迁移能力的大小是影响再结晶织构的主要因素，如果储能决定再结晶形核，则再结晶织构与高储能晶粒的取向有关；相反，如果再结晶形核由亚晶界迁移能力的大小决定，则再结晶织构与强回复能力形变胞的取向大小有关，即取向差大的晶粒位向得到发展。但是，如果储能和回复能力均衡，则出现竞相形核的局面，再结晶织构由两者共同决定。

多晶体的体心立方结构金属和合金的冷轧板织构，其滑移系随金属的种类、合金中元素的浓度和轧制温度等而各不相同。同步轧制方式下，冷轧织构主要由 γ 织构、α 织构和极少 η 织构组成，冷轧使 γ 织构和 α 织构加强，η 织构减弱，退火过程中，织构发生了相反的变化。在塑性变形过程中各晶粒的取向会在取向空间内沿不同的轨迹转动。总体上来说，晶粒取向会从不稳定取向区转向稳定取向区，在向稳定取向区转变过程中，晶粒会在一些取向区稳定流动[21]。异步轧制织构的组成与转变与同步轧制基本相同，但在异步轧制中，由于搓轧区的存在，使变形区内部产生不对称形变，这种不对称的金属流变行为在织构的类型和强度上呈现出一种特殊的变化。在搓轧区形成的与剪切应力方向相反的摩擦力，造成了搓轧区上下表面金属流动速度的不同，在变形区产生较大的剪切力，引起较大的剪切变形。形成快辊侧和慢辊侧织构强度的差异，在慢辊侧 α 织构和 γ 织构均比快辊侧的取向密度高。将冷轧板进行退火，一次再结晶后的织构对杂质的种类、含量及存在状态都很敏感，退火时发生一次再结晶的难易程度与各个晶体取向有很大关系。{111}<112>取向最容易再结晶，{001}<110>最不容易再结晶。由于冷轧板内的变形晶粒的晶体取向的不同，再结晶速度会有显著的不同，一次再结晶织构与冷轧织构中的{111}<112>取向具有密切的关系[37]。从图 6 - 15 可以看出冷轧织构组分中有很强的反高斯织构{001}<110>，而退火后反高斯织构很弱。从图 6 - 18 可以看出，无论是快辊侧还是慢辊侧，退火后 α 织构强度明显降低，而 γ 织构变化不是十分明显，{111}<110>织构组分强度减弱，而{111}<112>织构组分强度加强。另外从这几个图中我们可以看出快慢辊侧的织构类型没有什么变化，但强度有所不同，这和异步轧制时快慢辊侧的受力状态的差异造成的。

再结晶过程中，晶粒的形核、长大以及再结晶织构的形成都需要一定的时间，对于冷轧试样来说，要获得预定的退火组织，必须考虑再结晶过程中孕育期的长短、晶粒长大的时间等因素。生产和研究都表明，退火时存在一个最佳退火温度和保温时间，此时初次再结晶已经完全，晶粒取向度最好，磁性能达最大值且铁损最小。如果退火温度过高或保温时间延长，已经发育好的晶粒会发生异常长大，导致晶粒取向度混乱，磁性能下降。

6.8 本章小结

本章通过对异步轧制的高牌号无取向硅钢进行不同时间和温度下的再结晶退火，并测量了磁性，通过织构分析和对磁性测量结果的分析，可得到如下结论：

（1）再结晶退火温度是控制再结晶织构和组织的重要因素，在相同的退火时间下，织构组分和晶粒尺寸大小随退火温度改变而变化。不同异步轧制速比的样品，在 800℃ 退火时得到的织构组分均聚集在{111}<112>附近，晶粒尺寸大小也比较均匀，多数在 50 ~ 100μm 之间；退火温度达到 850℃ 和 900℃ 时，织构组分有分散的趋势，晶粒尺寸也比较粗大。而在 750℃ 退火时，得到的织构组分类似于冷轧织构组分，晶粒尺寸也很小且不均匀，这些对磁性都是不利的。

（2）在 750℃ 进行不同时间的退火时，随着时间的延长，晶粒由形变组织逐渐转变为再结晶组织，织构组分也逐渐向{111}<112>附近聚集。在退火 2min 和 5min 时，织构组分中存在反高斯织构，组织中存在有不少形变组织，说明再结晶过程尚未完成；退火 10min 和 15min，反高斯织构已消失，在组织上也未发现形变组织，这说明再结晶过程基本完成，但晶粒还未完全长大。

（3）异步轧制速比对再结晶织构和组织的影响与温度有关，在本试验温度下，速比对织构和再结晶组织的影响不明显。

（4）以 {110} 和 {113} 面织构为主的常化板，经异步冷轧后，织构组分演变为较强的反高斯织构、α 织构及 γ 织构。而退火后，反高斯织构消失，α 织构也明显减弱，但 γ 织构变化不明显，在 γ 织构中，{111}<110>织构组分减弱，而{111}<112>织构组分增强。

参 考 文 献

[1] 张德芬 . 3104 铝合金形变与再结晶过程中织构及显微组织的研究 [D] . 沈阳：东北大学，2004.

[2] Kubota T, Fujikura M, Ushigami Y. Recent progress and future trend on grain – oriented silicon steel [J] . J Magn Magn Mmater, 2000, 215 – 216：39 ~ 73.

[3] 毛卫民 . 金属材料的晶体学织构与各向异性 [M] . 北京：科学出版社，2002：193.

[4] 王轶农，电场作用下金属再结晶织构的研究 [D] . 沈阳：东北大学，1999.

[5] 陶杰，姚正军，薛烽 . 材料科学基础 [M] . 北京：化学工业出版社，2006：440.

[6] 李超 . 金属学原理 [M] . 哈尔滨：哈尔滨工业大学，1995：295 ~ 298.

[7] Bellier S P, Doherty R D. The structure of deformed aluminium and its recrystallization investigations with transmission Kossel diffraction [J] . Acta Metall. , 1977, 25（5）：521 ~ 538.

[8] W. G. Burgers and T. J. Tiedema. Notes on the theory of annealing textures：Comments on a paper by P. A. Beck with the same title [J] . Acta Metall. , 1953, 1（2）：234 ~ 238.

[9] 陈礼清 . 无间隙原子钢再结晶织构的模拟与试验研究 [D] . 沈阳：东北大学，1994.

[10] I. L. Dillamore, H. Katoh. Comparison of the Observed and Predicted Deformation Textures in Curic Meraals [J] . Metal Sci. , 1974, 8：21 ~ 27.

[11] I. L. Dillamore, H. Katoh. Mechanisms of Recrystallization in Cubic Metals with Particular Reference to Their Orientation – dependence [J] . Metal Sci. , 1974, 8：73 ~ 83.

[12] Y. Inokuti，R, D. Doherty. Transmission Kossel Study of the Structure of Compressde Iron and Its Rcrysta – llization Behaviour [J] . Acta Metall. , 1978, 26：61 ~ 80.

[13] K. LUecke. Formation of Recrystallization Textures In Metals and Alloys [C] . Proc. ICOTOM 7, 1984：195 ~ 210.

[14] E. Nes，J Hirsch，KLücke. On the Origin of the Cube Recrystallization Texture in Directionally Solidified Aluminium [C] . Proc. ICOTOM 7, 1984：663 ~ 668.

[15] J. Hirsch，KLücke. Application of Quantitative Texture Analysis for Investigating Continuous Discontinu – ous Recrystallization Processes of Al – 001Fe [J] . Acta Metall. , 1985, 33：1927 ~ 1938.

[16] W. B. Hutchinsion. The Role of Prior Grain Boundaries in Recrystallization Texture Development in Iron [C] . Proc. ICOTOM 8, 1987：603 ~ 609.

[17] Y. Inokuti, C. Maeda, H. Shimanka. Transmission Kossel Study of Origin of Goss Texture in Grain Oriented Silicon Steel [J] . Trans. of ISIJ, 1983, 23：440 ~ 447.

[18] H. W. F. Heller, J. H. van Dorp, G. Wolff, C. A. Verbraak. recrystallization Behaviour of left brace 110 right brace 112 Direction Aluminium Single Crystals after Rolling and Plane – Strain Deformation [J]. Metal Sci. 1981, 15（8）：333 ~ 341.

[19] K. Lücke, and T. Canad. Orientation Dependence of Grain Boundary Motion and the Formation of Recrys – tallization Textures [J] . Metallurgical Quarterly. 1974, 13（1）：261 ~ 274.

[20] U. Schimidt, K. Lücke. Recrystallization Textures of Silvere, Copper and alpha – Brasses with Different Zinc – comtents as a Function of the Rolling Temperature [J] . Textures of Crystalline Solids, 1979, 3（2）：85 ~ 112.

[21] B. J. Dugan, K. Lücke , G. Koehlhoff, C. S. Lee. On the Origin of Cube Texture in Copper [J] . Acta Metall. Mater. , 1993, 41（6）：1921 ~ 1927.

[22] 毛卫民 . 晶界快速迁移的原子模型 [J] . 中国科学，1991, 3A：311 ~ 316.

[23] 孙建伦 . IF 钢退火过程中织构的研究 [D] . 东北大学博士论文，1998.

[24] Jones H R. Grain boundary structure and kinetics [M] . ASM, 1980.

［25］ H. J. Bunge. Texture Analysis in Materials Science ［M］. London：Butterworth, London, 1982.

［26］ Liang Zuo, Watanabe T. , Esling, C. A.. Theoretical approach to grain boundary character distribution （GBCD） in textured polycrystalline materials ［J］. Zeitschrift fur Metallkunde, 1994, 85 （8）：554 ~ 558.

［27］ 胡广勇. Fe – 6.5wt% Si 与 Fe – 3wt% Si 薄板、薄带的制备、织构及晶界特征分别的研究 ［D］. 沈阳：东北大学, 1998.

［28］ Zhenggui Zhang, Yandong Liu, b and Fu Wang. Effect of Temperature on Recrystallization Texture and Microstructure for non – oriented Silicon Steel under Asymmetrically Rolling Process ［J］. Advanced Engineering Materials, 2011, v194 – 196：1314 ~ 1318.

［29］ 张正贵, 刘沿东, 王福. 退火时间对异步轧制无取向硅钢再结晶织构及磁性的影响 ［J］. 材料热处理学报. 2010.03.25；2010, 31 （3）：69 ~ 72.

［30］ 张正贵, 曲家惠, 刘沿东, 王福. 3% Si 无取向硅钢异步轧制织构的演变 ［J］. 东北大学学报. 2007, 28 （11）：1567 ~ 1570.

［31］ 毛卫民, 赵新兵. 金属的再结晶与晶粒长大 ［M］. 北京：冶金工业出版社, 1994.

［32］ Tongtae. Park. 加热速度对无取向电工钢织构形成的影响 ［J］. 电工钢, 2004, 3：48 ~ 50.

［33］ Matsuoks S, Morita M, Furukimi O, et at. Effect of Lubrication Condition on Recrystallization Texture of Ultra – Low C Sheet Hot – Rolled in Ferrite Region ［J］. ISIJ International, 1998, 38 （6）：633 ~ 639.

［34］ Hou Chun – Kan. Effect of Aluminum on the Magnetic Prorerties of Larmination Steels ［J］. IEEE Trans. Magn. , 1996, 32 （2）：471.

［35］ 张文康, 毛卫民, 白志浩. 退火温度对冷轧无取向硅钢组织结构和磁性能的影响 ［J］. 特殊钢, 2006, 27 （1）：15 ~ 17.

［36］ W B Hutchinson. Recrystallisation Textures in Iron Resulting from Nucleation at Grain Boundaries ［J］. Acta Metal, 1989, 37 （4）：1047 ~ 1056.

［37］ Mineo Muraki, Tetsuo Toge, Kei Sakata, Takashi Obara, Eiichi Furubayashi. Formation Mechanism of ｛111｝ Recrystallization Texture in Ferritic Steel ［J］. Iron and Steel, 1999, 85 （10）：41 ~ 47.

7 无取向硅钢的磁性

7.1 概述

工业用无取向硅钢，由于其在各个方向上具有相同的磁性而被广泛用于各种电机，由于节能的需要，降低铁损这一重要课题为众多研究者所关注[1]。

磁性是物质的基本属性之一，它不只是一个宏观的物理量，而且与物质的微观结构密切相关。它不仅取决于物质的原子结构，还取决于原子间的相互作用，如晶体结构。因此研究磁性是研究物质内部结构的重要方法之一。在外磁场作用下，各种物质都呈现出不同的磁性。物质按照在外磁场中表现出来的磁性可分为抗磁性物质、顺磁性物质、铁磁性物质、反铁磁性物质和亚铁磁性物质。铁磁性材料的饱和磁化强度和饱和磁感应强度是由物质本身（组成成分）决定的特性，而磁导率、矫顽力等是由物质决定，又随其晶体组织结构变化的特性[2]。铁磁性物质的特征是在外磁场作用下才表现出很强的磁化作用。

多晶体或单晶体铁磁材料在居里温度以下，于晶粒内形成很多小区域，每个小区域内的原子磁矩沿特定方向排列，呈现均匀的自发磁化，即磁畴。铁损来源于磁感应强度均匀变化感生的铁芯涡流、定位于移动畴壁附近微涡流[3]等，通过减少磁畴尺寸、减少磁滞伸缩、增加电阻率及减小硅钢片厚度都可以降低铁损。另外控制晶粒尺寸也是重要的，在某一适当的晶粒尺寸下，铁损最小。如果晶粒尺寸太大以至于磁畴壁不多，微涡流损耗将较大。如果晶粒尺寸太小，内应力以及大量晶界钉扎也会增加损耗。

硅钢是工业中用量最大的软磁材料，它属于铁磁性物质。影响无取向硅钢磁感应强度的主要因素是化学成分和晶体结构。理想的晶体结构为 $(100)[uvw]$ 面织构，因为它是各向同性而且难磁化方向 $[111]$ 不在轧面上。实际上不能完全得到这种单一的面织构。一般存在有 $(100)[011]$，$(111)[112]$，$(110)[001]$ 和 $(112)[011]$ 等织构组分。影响无取向硅钢铁损 P_T 的因素较多且复杂，因为影响磁滞损耗 P_h、涡流损耗 P_c 和反常涡流损耗 P_a 组分的因素不同，并且有些因素对这些铁损组分有完全相反的影响，最终表现在 P_T 值上是它们的综合结果。无取向硅钢中以 P_h 为主，所以主要目标是降低 P_h。电机在转动条件下工作，铁芯定子特别是齿部附近的磁通密度分布很复杂，包括有交变磁通、转动磁通和高频磁通。它们产生的交变损耗 P_T、转动铁损 P_R、谐波铁损 P_H 构成了电机铁芯总损耗。增大晶粒会使晶粒边界减小，使磁滞损失减小，同时由于电阻的减小，使涡流损失增大。另外，在弱磁场下，粗晶粒对磁感和磁导率有利；在强磁场下，细晶粒对磁感和磁导率更有利。通过减小试样厚度以及选择适当的热处理方式，使再结晶晶粒在 $75\mu m$ 左右时，材料具有较小的铁损。

硅钢板的 $<100>$ 方向是容易磁化方向，在材料研究开发中，控制结晶组织而使此方向集中是必要的，但对用于旋转磁场中的无取向硅钢，要求磁各向同性，因此通过各种途径改善内部组织结构，在其轧面内的所有方向都是易磁化方向，使（100）面无方向性的排列，进而降低铁损提高磁感强度，是我们最为希望的[4]。通过对采用不同轧制方法、不同速比、不同再结晶温度和时间的样品进行磁性测量，分析了各因素对无取向硅钢磁性的影响，并根据磁性理论对无取向硅钢的磁性能进行了模拟计算，磁性能是硅钢最重要的性能指标，通过研究磁性能的计算可将磁性能和晶粒织构之间的关系描述得更精确。

7.2 磁性测量方法

磁感应强度和铁损的测量依据《单片电工钢片（带）磁性测量法》（GB/T 13789—1992）进行。试样的选取，按与轧向成 90°、60°、30°、0°选取试样。磁性测量在 SY-937 单板测试仪上进行，测量四个方向上的 $P_{15/50}$ 和 B_{50}。试样厚度为 0.5mm，宽度为 30mm，长度为 100mm。

测量中的 $P_{15/50}$ 表示磁感应强度为 1.5T 时，在 50Hz 交变磁场下的铁损，单位为 W/kg；B_{50} 表示在 5000A/m 磁场下的磁感应强度，单位为 T。

7.3 不同退火温度下的硅钢磁性

同步和异步轧制（$i=1.19$）后，在不同温度（750℃、800℃、850℃、900℃）下进行再结晶退火，然后进行磁性测量，其结果如图 7-1 所示。图 7-1（a）为在不同温度下测量的与轧向成不同方向的铁损（方向用与轧向的夹角来表示，0°代表轧向，90°代表横向），图 7-1（b）是对不同温度下的测量值取平均值后画出的温度对铁损的影响。从图 7-1 可以看出，在不同温度下进行再结晶退火后得到的磁性是不同的，在本文实验条件下，800℃的铁损值较小。图 7-2 为不同温度下，同步和异步轧制下铁损，从各图中同步和异步的对比，可以看出，轧制方法对铁损的影响，在 750℃、800℃、850℃下异步轧制铁损较同步轧制高，在 900℃下，表现出异步轧制的铁损比同步轧制铁损略高，不能通过异步轧制的方法来降低铁损。从图 7-2 中还可以看出，在轧制方向上的铁损相对较低，其他几个方向上的铁损相差不大，具有较好的磁各向同性。

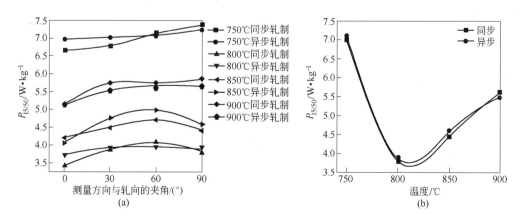

图 7-1　不同退火温度的铁损

不同退火温度下的磁感应强度如图 7-3 所示。图 7-3（a）为在不同温度下测量的不同方向的磁感强度（测量方向用与轧向的夹角来表示，0°代表轧向，90°代表横向），

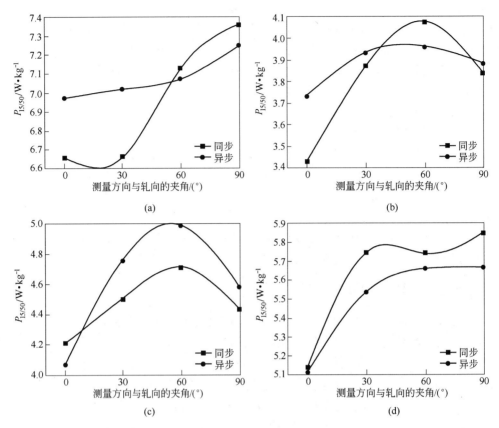

图 7 - 2　不同温度下轧制方法对铁损的影响

(a) 750℃；(b) 800℃；(c) 850℃；(d) 900℃

图 7 - 3 (b) 是对不同温度下的测量值取平均值后画出的温度对磁感强度的影响。从图中可以看出，在不同温度下，温度对磁感应强度的影响不大，只是在 850℃异步轧 60°处出现一低点，其他情况下最大值和最小值相差不到 0.1T。不同轧制方法对磁感强度的影响如图 7 - 4所示，从中可以看出轧制方法对磁感强度的影响也不大。与同步轧制比较，由于异步轧制具有生产效率高，产品精度也高的特点，因此可以用于高牌号无取向硅钢的生产。

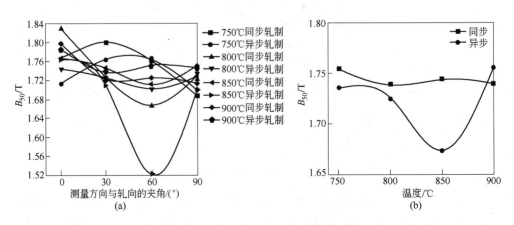

图 7 - 3　不同退火温度的磁感强度

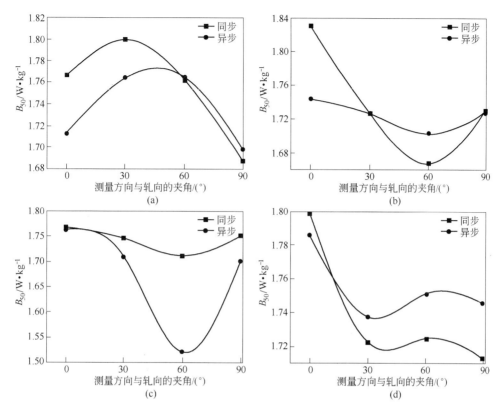

图 7-4　不同温度下轧制方法对磁感强度的影响

（a）750℃；（b）800℃；（c）850℃；（d）900℃

7.4　退火时间对无取向硅钢磁性的影响

图 7-5 为 750℃ 再结晶退火不同时间的铁损，图 7-5（a）、（b）、（c）、（d）分别表示轧向、横向以及与轧向成 30°和 60°时的铁损，图 7-5（e）为各个测量方向上取平均值后的铁损变化情况。从中可以看出，随着再结晶时间的增加，铁损逐渐降低，不同轧制方法下，均表现出相同的变化趋势，异步轧制下铁损略提高。

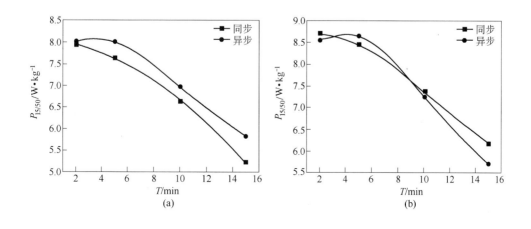

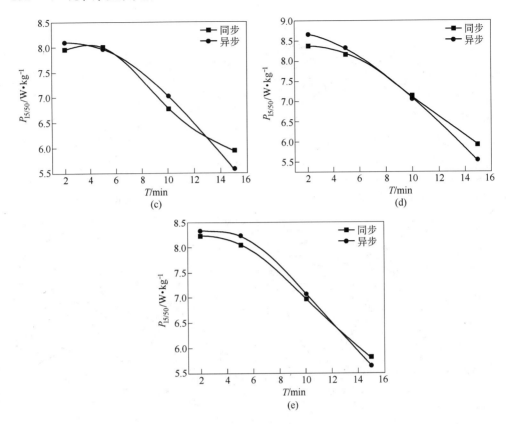

图 7-5 不同方向上铁损随时间的变化

（a）α = 0°；（b）α = 90°；（c）α = 30°；（d）α = 60°；（e）各测量方向取平均值

图 7-6 表示在不同方向上，再结晶退火时间对磁感强度的影响。图 7-6（a）、（b）、（c）、（d）分别表示轧向、横向以及与轧向成 30°和 60°时的磁感强度，图 7-6（e）为各个测量方向上取平均值后的磁感变化情况。从图中可以看出，除了在与轧向成 60℃时，异步轧制退火 2min 磁感强度出现一低点外，方向在不同时间退火的磁感应强度的变化都不大，不论是同步轧制还是异步轧制下，上下波动不超过 0.1T。由图 7-6（e）可以看出异步轧制时的磁感强度较同步轧制低，但幅度不大，不同时间下退火，相差不超过 0.02T，说明轧制方法对在不同时间下退火的磁感强度影响甚小。

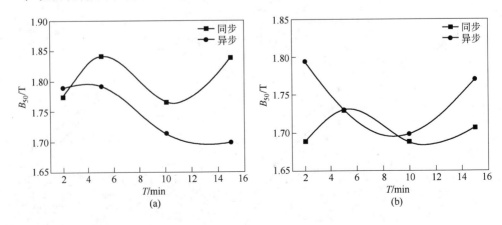

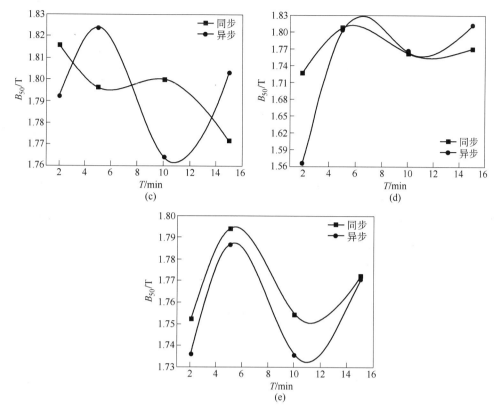

图 7-6 不同方向上磁感强度随时间的变化

（a）α=0°；（b）α=90°；（c）α=30°；（d）α=60°；（e）各测量方向取平均值

7.5 异步轧制速比对无取向硅钢磁性的影响

选取不同速比下异步轧制的样品，在不同温度进行再结晶退火，测定不同速比下轧向的磁性，结果如图 7-7 和图 7-8 所示。从图 7-7 可看出，在不同温度下，铁损随速比的增加而减小，但在不同温度下，变化的幅度不同。在 750℃ 时铁损随速比增加而降低的幅度较大，在 900℃ 退火时，铁损随速比的变化不明显，在 800℃ 和 850℃ 之间退火时，铁

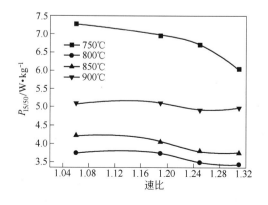

图 7-7 不同温度下速比对铁损的影响

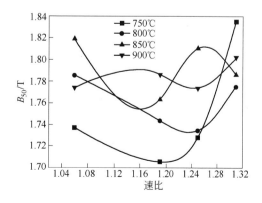

图 7-8 不同温度下速比对磁感强度的影响

损随速比的变化幅度介于以上两个温度之间，这说明，速比对无取向硅钢磁性的作用受温度的影响，在本文实验温度内，随着温度的升高，速比的影响逐渐减弱，在温度较高时，温度对铁损的影响占主导地位，而在较低温度时，速比的影响较明显，速比和温度交互作用共同影响着无取向硅钢的磁性能。从图 7-8 可以看出，在 750℃ 时，速比为 1.31 时，磁感强度有最大值，速比在 1.19 时，磁感强度有最小值。最大值和最小值相差不超过 0.14T，其他温度下最大值和最小值相差不超过 0.05T，速比对磁感强度的影响不明显，这和温度对磁感强度的影响具有相似的规律，从中可推断磁感受温度和速比的影响较小，而主要是和本身的成分有关。

7.6 无取向硅钢磁性的定量计算

对无取向硅钢来说，主要磁性指标是铁损和磁感，磁性能的计算对无取向硅钢来说是很重要的，它可以根据织构数据，通过理论推导的公式（3-10）计算得到。

7.6.1 软件的编制与数模的处理

7.6.1.1 连带勒让德多项式的计算与处理

连带勒让德多项式[5]为：

$$P_l^m(x) = (1-x^2)^{\frac{m}{2}} \frac{\mathrm{d}^m p_l(x)}{\mathrm{d}x^m} = (1-x^2)^{\frac{m}{2}} p_l^m(x) \quad (|x| \leqslant 1) \tag{7-1}$$

显然 $0 \leqslant m \leqslant l$，且 $p_l^0(x) = p_l(x)$。

连带勒让德多项式在区间 $[-1,1]$ 上具有正交性，其正交性和模的平方的表达式为：

$$\int_{-1}^{1} p_l^m(x) p_k^m(x) \mathrm{d}x = \begin{cases} 0, l \neq k \\ \dfrac{2}{2l+1}, l = k \end{cases} \tag{7-2}$$

奇偶性

$$p_l^m(-x) = (-1)^{l+m} p_l^m(x) \tag{7-3}$$

即 $p_l^m(x)$ 当 $l+m$（或 $l-m$）为奇数时是奇函数，而当 $l+m$（或 $l-m$）为偶数时是偶函数。

连带勒让德多项式的计算按递推法进行：

$$p_l^m(x) = \left(\frac{2l+1}{2}\right)^{\frac{1}{2}} \left[\frac{(l+m)!}{(l-m)!}\right]^{\frac{1}{2}} \frac{(1-x^2)^{\frac{m}{2}}}{m!2^m} \times F_1\left(-l+m, l+m+1; m+1; \frac{1-x}{2}\right)$$

$$= \left(\frac{2l+1}{2}\right)^{\frac{1}{2}} \left[\frac{(l+m)!}{(l-m)!}\right]^{\frac{1}{2}} \frac{(1-x^2)^{\frac{m}{2}}}{m!2^m} \times \sum_{s=0}^{l-m} \frac{(-l+m)_s (l+m+1)_s}{s!(m+1)_s} \left(\frac{1-x}{2}\right)^s$$

$$\tag{7-4}$$

$$p_0^0(x) = \sqrt{\frac{1}{2}} \tag{7-5}$$

$$p_1^0(x) = \sqrt{\frac{3}{2}} x \tag{7-6}$$

$$p_l^l(x) = \sqrt{\frac{2l+1}{2}} \frac{[(2l)!]^{\frac{1}{2}}}{l!2^l}(1-x^2)^{\frac{l}{2}} \tag{7-7}$$

$$p_{l+1}^l(x) = \sqrt{\frac{2l+3}{2}} \frac{[(2l+1)!]^{\frac{1}{2}}}{l!2^l}x(1-x^2)^{\frac{l}{2}} = (2l+3)^{\frac{1}{2}}xp_l^l(x) \tag{7-8}$$

$$p_{l+2}^m(x) = \left[\frac{(2l+5)(2l+3)}{(l-m+2)(l+m+2)}\right]^{\frac{1}{2}}xp_{l+1}^m(x) - \left[\frac{(2l+5)(l-m+1)(l+m+1)}{(2l+1)(l-m+2)(l+m+2)}\right]^{\frac{1}{2}}p_l^m(x)$$
$$\tag{7-9}$$

可按以上公式推出所有的 $p_l^m(x)$，即 $p_l^m(\cos\beta)$。

根据精度要求，本程序选择 β 角为 $90°$，计算 $l=2\rightarrow16$（$\Delta l=2$），$m\leqslant l$ 的全部 p_l^m（$\cos90°$）即 p_l^m（0）之值。具体计算步骤如下：

（1）将 β 角设为 $90°$；

（2）改变 l 的大小 $[l=2\rightarrow16(\Delta l=2)]$；

（3）对每一具体 l，由式（7-7）计算 p_l^l（0）；

（4）利用式（7-8），求得 p_{l+1}^l（0）；

（5）对 m 从 $l-2$ 到 l 的循环，对应每一个 m，由式（7-9）计算 l 从 $m+2$ 直到 16 的 p_l^m（0）。

7.6.1.2 程序的编制

程序分两部分进行，首先计算单晶性能参数 B_{j0}，然后进行磁性能的预测。对于硅钢板，我们只研究板面内的磁性能，所以令 $\beta=90°$，单独计算连带勒让德多项式 p_l^m（$\cos\beta$），按递推法进行。织构系数的获得是通过测量三张极图，计算出 ODF，通过数据转换，从而获得织构系数 W_{lmn}，计算出 $T^k(\alpha_i)$，对 $F(\alpha_i)$ 进行最小二乘法处理，解方程可以计算出单晶性能参数 B_{j0}，将 B_{j0} 代入式（3-10），这样就获得了磁性能和无取向硅钢织构之间关系的定量表达式。那么我们根据已建立起的定量关系，利用织构数据就可以对硅钢磁性能进行预测，为在线检测奠定了理论基础。计算程序框图见附录。

7.6.2 无取向硅钢磁性预测

7.6.2.1 不同退火温度下的磁性预测

根据异步轧制样品在 $750℃$、$800℃$、$850℃$、$900℃$ 下退火 10min 的织构测试结果，确定出不同退火条件下的 W_{lmn}（取快慢辊侧平均值），如表 7-1 所示。然后根据式（3-10）计算各自在不同方向上的磁性（铁损和磁感），结果如表 7-2 所示。取铁损和磁感在不同方向的平均值绘制铁损、磁感随温度的变化曲线，如图 7-9 所示，为进行比较，图中也画出实测结果。从图中可以看出，计算结果与实测结果有一定的误差，但误差很小。根据表 7-4 的数据画出了 $800℃$ 时铁损和磁感随方向的变化，如图 7-10 所示。可以看出在不同方向上铁损的变化不大，表现出很好的各向异性。计算结果与实测结果的变化趋势相同，由计算结果可以说明在不同方向上铁损和磁感的变化。由于理论计算是在织构测试的基础上完成的，构建的是宏观性能与微观结构的联系。因此，可以根据微观结构的测试结果，通过理论计算来预测硅钢磁性能的变化规律。

表 7 - 1　被测样品 W_{lmn} 织构系数的部分数据

温度/℃	W_{lmn}						
	W400	W420	W440	W600	W620	W640	W660
750	0.055870	-0.250990	0.083969	0.241608	-0.125965	0.023823	0.065614
800	-0.027025	-0.244684	0.065141	0.290407	-0.139004	0.023919	0.107693
850	0.074171	-0.291881	0.126664	0.270922	-0.140364	0.013988	0.113350
900	0.188898	-0.343823	0.128478	0.162336	-0.099883	0.016101	0.124605

表 7 - 2　不同温度下的磁性计算值

退火温度及磁性			$\alpha/(°)$										均值
			0	10	20	30	40	50	60	70	80	90	
温度/℃	750	铁损/W·kg⁻¹	6.871	6.917	7.027	7.138	7.198	7.201	7.178	7.161	7.160	7.163	7.101
		磁感/T	1.718	1.720	1.727	1.736	1.743	1.747	1.747	1.745	1.742	1.741	1.737
	800	铁损/W·kg⁻¹	3.760	3.780	3.827	3.877	3.908	3.919	3.923	3.932	3.944	3.950	3.882
		磁感/T	1.741	1.742	1.743	1.738	1.727	1.714	1.707	1.709	1.716	1.719	1.726
	850	铁损/W·kg⁻¹	4.096	4.176	4.378	4.612	4.792	4.879	4.885	4.852	4.818	4.805	4.629
		磁感/T	1.755	1.764	1.771	1.741	1.668	1.585	1.546	1.569	1.622	1.649	1.667
	900	铁损/W·kg⁻¹	5.116	5.186	5.352	5.524	5.629	5.657	5.653	5.657	5.676	5.687	5.514
		磁感/T	1.785	1.778	1.759	1.744	1.742	1.749	1.754	1.751	1.742	1.738	1.754

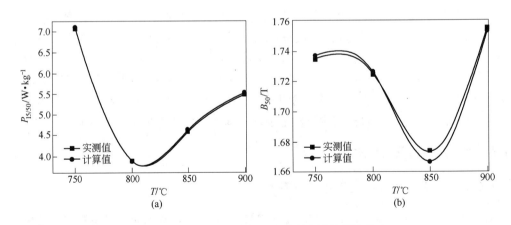

图 7 - 9　退火温度对铁损和磁感强度计算值的影响
（a）铁损；（b）磁感

7.6.2.2　不同退火时间的磁性预测

　　根据异步轧制样品在 750℃ 下退火不同时间的织构测试结果，我们可以计算出不同时间下的 W_{lmn}（取快慢辊侧平均值），如表 7 - 3 所示。根据式（3 - 10）计算的各自在不同方向上的磁性（铁损和磁感）结果如表 7 - 4 所示。取铁损和磁感在不同方向的平均值，绘制铁损、磁感随时间的变化，如图 7 - 11 所示。不同时间下，磁性随方向的变化如图 7 - 12 所示。从图 7 - 11 可以看出，理论计算和实测值虽存在一定误差，但其变化趋势基

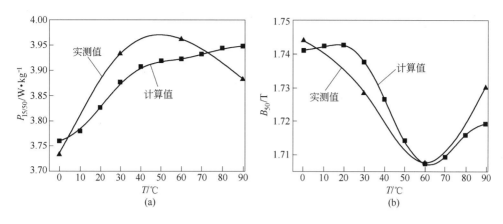

图 7 - 10 铁损和磁感随方向的变化（800℃）

（a）铁损；（b）磁感

本相同，这样我们通过理论计算就可以判断出，样品在不同退火时间内的磁性变化趋势。从图 7 - 12 可以看出，在不同退火时间下，计算出的磁性值，随方向的变化不大，2min 退火时，在 50°方向上，磁感出现最小值，但与最大值的相差也不超过 10.3%，其他方向铁损和磁感相差都很小，各向异性较好。由于微观组织结构在退火过程中是逐渐变化的，受微观结构变化影响的磁性，如果根据理论计算得到，那么就可为开发新工艺、新产品，提供一定理论参考依据。

表 7 - 3 被测样品 W_{lmn} 织构系数的部分数据

时间/min	W_{lmn}						
	W400	W420	W440	W600	W620	W640	W660
2	0.320192	− 0.324419	− 0.172484	0.198596	− 0.180836	0.153067	− 0.000682
5	0.330771	− 0.319077	− 0.178818	0.187780	− 0.162116	0.160713	0.005297
10	0.421902	− 0.304148	− 0.252283	0.20080	− 0.173708	0.194603	0.008663
15	0.013107	− 0.336218	0.155148	0.206352	− 0.105620	0.022242	0.0663956

表 7 - 4 不同时间下的磁性计算值

测量方向与轧向的夹角			$\alpha/(°)$									均值
			0	10	20	30	40	50	60	70	80	90	
时间/min	2	铁损/W·kg⁻¹	7.963	7.997	8.092	8.221	8.353	8.463	8.539	8.581	8.600	8.605	8.3414
		磁感/T	1.832	1.812	1.761	1.701	1.656	1.642	1.660	1.698	1.734	1.748	1.724
	5	铁损/W·kg⁻¹	8.006	7.995	7.974	7.974	8.026	8.140	8.300	8.467	8.593	8.640	8.212
		磁感/T	1.792	1.798	1.812	1.827	1.832	1.822	1.798	1.768	1.743	1.733	1.792
	10	铁损/W·kg⁻¹	6.988	6.984	6.977	6.980	7.004	7.050	7.110	7.170	7.213	7.229	7.0702
		磁感/T	1.715	1.723	1.744	1.768	1.783	1.782	1.763	1.734	1.709	1.699	1.742
	15	铁损/W·kg⁻¹	5.810	5.779	5.707	5.635	5.596	5.592	5.604	5.611	5.607	5.604	5.6545
		磁感/T	1.704	1.718	1.752	1.786	1.804	1.804	1.798	1.795	1.797	1.799	1.7757

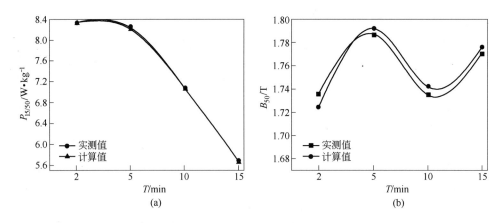

图 7 - 11　退火时间对铁损和磁感强度的影响
（a）铁损；（b）磁感强度

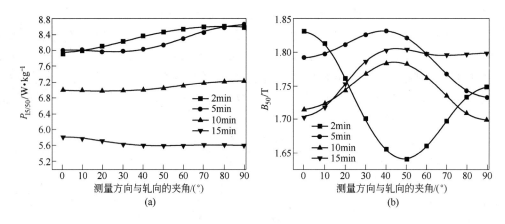

图 7 - 12　不同退火时间下铁损和磁感强度的计算值随方向的变化
（a）铁损；（b）磁感强度

7.6.2.3　不同轧制方法下的磁性预测

根据同步和异步轧制（速比 $i = 1.19$）退火（750℃退火 15min）样品的织构测试结果，计算出不同形变量下的 W_{lmn}（取快慢辊侧平均值），如表 7 - 5 所示。根据式（3 - 10）计算各自在不同方向上的磁性（铁损和磁感），结果如表 7 - 6 所示。不同轧制方法下，铁损和磁感随方向的变化，如图 7 - 13 所示。由图可以看出，不同轧制方法下，铁损和磁感的计算值和实测值都比较吻合，计算值的变化趋势反映了测试值的变化趋势。异步轧制铁损略低于同步轧制铁损，磁感略高于同步磁感。

表 7 - 5　被测样品 W_{lmn} 织构系数的部分数据

轧制方法	W_{lmn}						
	W400	W420	W440	W600	W620	W640	W660
同步	- 0. 063792	- 0. 412861	0. 233823	0. 190313	- 0. 094147	0. 028101	0. 076266
异步	0. 013107	- 0. 336218	0. 155148	0. 206352	- 0. 105620	0. 0222425	0. 066396

表 7-6 不同轧制方法的磁性计算值

测量方向与轧向的夹角			0	10	20	30	40	50	60	70	80	90	均值
			$\alpha/(°)$										
轧制方法	同步	铁损/W·kg⁻¹	5.228	5.381	5.732	6.045	6.152	6.076	5.967	5.948	6.008	6.046	5.858
		磁感/T	1.841	1.823	1.781	1.744	1.734	1.745	1.758	1.760	1.751	1.746	1.769
	异步	铁损/W·kg⁻¹	5.810	5.779	5.707	5.635	5.596	5.592	5.604	5.611	5.607	5.604	5.655
		磁感/T	1.704	1.718	1.752	1.786	1.804	1.804	1.798	1.795	1.797	1.799	1.776

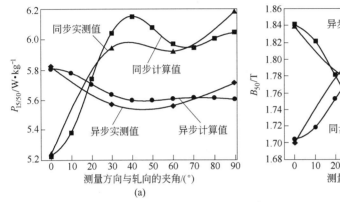 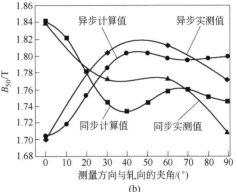

图 7-13 轧制方法对铁损和磁感强度的影响

(a) 铁损；(b) 磁感强度

7.6.2.4 冷轧态的磁性预测

根据同步和异步轧制样品的织构测试结果，计算出不同形变量下的 W_{lmn}（取快慢辊侧平均值），如表 7-7 所示。然后根据式（3-10）计算各自在不同方向上的磁性（铁损和磁感），结果如表 7-8 所示。不同冷轧方法下，铁损和磁感随方向的变化，如图 7-14 所示。异步轧制铁损和磁感均略低于同步轧制铁损和磁感。不论是同步还是异步，其铁损和磁感在不同方向的大小相差不大。同步轧制铁损在 60°方向最大，最小值在 10°方向，相差 7.6%，磁感在 0°方向最大，在 40°方向最小，相差 13%。异步轧制铁损在 60°方向最大，在 10°方向最小，相差 6.4%，磁感在 0°方向最大，在 50°方向最小，相差 11.7%。

表 7-7 被测样品 W_{lmn} 织构系数的部分数据

轧制方法	W_{lmn}						
	W400	W420	W440	W600	W620	W640	W660
同步	-0.086047	-0.233282	-0.371463	0.377089	-0.269377	0.116174	-0.062808
异步	-0.036544	-0.190309	-0.360988	0.349234	-0.234887	0.114247	0.009600

表7-8　冷轧板的磁性计算值

测量方向与轧向的夹角			α/(°)										均值
			0	10	20	30	40	50	60	70	80	90	
轧制方法	同步	铁损/W·kg^{-1}	8.101	8.100	8.134	8.263	8.482	8.689	8.762	8.667	8.504	8.425	8.41
		磁感/T	1.944	1.906	1.816	1.729	1.686	1.691	1.715	1.729	1.728	1.725	1.77
	异步	铁损/W·kg^{-1}	8.137	8.130	8.144	8.239	8.420	8.605	8.686	8.628	8.506	8.446	8.39
		磁感/T	1.891	1.872	1.821	1.756	1.698	1.670	1.677	1.711	1.748	1.763	1.76

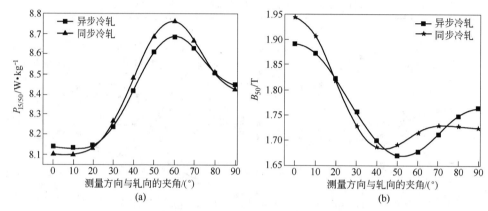

图7-14　冷轧态铁损和磁感强度随方向的变化
（a）铁损；（b）磁感强度

7.7　分析与讨论

　　磁性材料内部可以分成许多磁畴，磁畴磁矩分别取各种不同方向，对外界的作用互相抵消，不呈现出宏观的磁性。若将磁性材料置于外磁场中，外加磁场的作用是把已经高度自发磁化的许多磁畴的磁矩从各个不同方向改变到接近外加磁场方向或外加磁场方向，则对外显出较强或很强的磁性。磁性材料的技术性能，都是由磁畴结构的变化决定的[6]。不同材料其磁畴结构和运动方式不同，即磁化曲线和磁滞回线的形状不同。硅钢材料的磁滞回线又窄又长，面积很小，这样可以减少电机和变压器的发热，提高电磁能量的利用效率。磁化曲线和磁滞回线的形状不同，便代表了磁性材料晶体性能的不同。描述这两个曲线的参数有起始磁导率 μ_i、最大磁导率 μ_m、饱和磁感应强度 B_s、矫顽力 H_{CB}、剩磁 B_r、最大磁能面积 $(B \times H)_m$、磁滞损耗 P_h。这些参数中除了饱和磁感应强度 B_s 外，都与磁畴结构的式样及其运动变化有关，磁畴结构的运动变化是磁性好坏的内因。无取向硅钢作为电机铁芯，在工作过程中，其内部的磁畴结构在外磁场的作用下，从磁中性状态到饱和状态而被磁化，磁化过程如图7-15所示。

　　在退磁的铁磁材料中自发磁化矢量总是处于最低能量状态，即磁畴处于平衡状态。当逐渐增加磁场时，磁化矢量与磁场方向最靠近的那些磁畴通过畴壁移动吞并相邻磁畴而长大。磁畴磁矩转动和畴壁移动将受到阻力，要克服这种阻力，外界必须对它做功。理论和实验证明，一块状铁磁体在磁中性状态下分为若干自发磁化区域，即磁畴。当外磁场 $H = 0$ 时，各磁畴的合磁矩等于零。

$$\sum_i M_s V_i \cos\theta_i = 0 \qquad (7-10)$$

式中，V_i 是第 i 个磁畴的体积；θ_i 是第 i 个磁畴的磁矩 M_s 与某一特定方向（如磁场方向）间的夹角。当加上外磁场时，铁磁体被磁化，沿 H 方向出现磁化强度 δM_H，由式（7-10）得

$$\delta M_H = \sum_i M_s \cos\theta_i \delta V_i - M_s V_i \sin\theta_i \delta\theta_i + V_i \cos\theta_i \delta M_s = 0 \qquad (7-11)$$

上式中的第一项表示各磁畴中的 M_s 的大小和方向不变，而磁畴的体积发生变化。自发磁化强度 M_s 的方向靠近 H 的那些磁畴长大，而 M_s 的方向与 H 的夹角大的那些磁畴缩小。

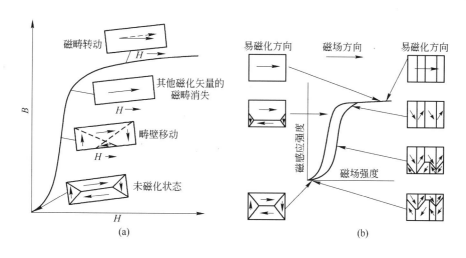

图 7-15　磁畴结构变化及畴壁移动
（a）磁化时磁畴结构变化；（b）电工钢磁化时畴壁移动

这一过程是通过磁畴壁的位移实现的，故称为畴壁位移过程，简称壁移过程。第二项表示各畴的 M_s 的大小及体积 V_i 不变，但 M_s 的方向改变，转向外磁场 H 的方向，故称为磁畴转动过程，简称畴转过程。通过壁移及畴转过程，M_s 完全沿 H 方向取向，此时达到技术磁饱和。技术饱和磁化强度就等于该温度下的自发磁化强度。壁移和畴转过程有可逆和不可逆两种。第三项表示 M_s 本身数值的增加。这是由于强磁场的作用克服了热扰动的影响，使单位体积内平行于磁场的自旋磁矩数增加。此过程称为顺磁过程。在极强的磁场中，铁磁体的磁化强度趋于其绝对零度时的自发磁化强度值。一般情况下顺磁过程对磁化强度的增加贡献很小，所以铁磁体磁化曲线的进程主要取决于前两种技术磁化过程。一般地说，在弱磁场中，壁移过程占主导，接着是畴转过程，只有在强磁场中才有较明显的顺磁过程。

在起始状态，样品中形成闭合的磁畴结构。加上磁场后，在弱场范围发生可逆壁移过程，磁化强度随 H 的变化缓慢。当 H 增大到磁化曲线比较陡峻的区域，发生不可逆壁移过程，出现阶跃式的磁化（称为巴克好森跳跃）。在曲线拐点处，样品处于单磁畴状态，磁场再增大时，依次发生畴转过程及顺磁过程[7]。

在多晶体中，晶粒的方向是杂乱的。通常每一个晶粒中有好多磁畴，它们的大小和结构与晶粒的大小有关。在同一个晶粒内，各磁畴的磁化方向是有一定关系的。在不同晶粒间，由于易磁化轴方向的不同，磁畴的磁化方向就没有一定的关系了。就整个材料而言，

磁畴有各种方向，材料对外显现出各向同性[8]。畴壁移动是有阻力的，阻碍畴壁移动的因素有位错及其他晶格缺陷、析出物以及其他夹杂物等。畴壁运动困难，表现为磁导率变低，矫顽力升高。内应力阻碍畴壁的运动，多晶材料内的晶格畸变、轧制、磁致伸缩等都会产生内应力。如果材料内部存在应力，会造成局部各向异性，因而发生复杂的磁畴结构。由此引起能量的增加，主要有三种方式：一是磁弹性的增加；二是畴壁能的增加；三是退磁能的增加。多晶体材料内有杂质、缺陷、晶粒边界、非磁性的夹杂物等，会使磁畴结构复杂化，阻碍畴壁的运动。畴壁与它们相遇，畴壁的表面积增加，使整个畴壁能增加，这样畴壁能的增加将阻碍畴壁的移动，材料中夹杂物或空隙越多，壁移磁化越困难，磁导率就越低。材料的不均匀区域也会阻碍畴壁的运动。

由于磁晶各向异性的存在，磁畴中的磁化强度就沿着易磁化方向排列。铁的易磁化方向是 $<100>$ 方向，而实验发现铁的磁畴中的磁化强度确实是沿着 $<100>$ 方向取向的。由于 $<100>$ 方向共有三个，因而铁的磁畴不仅有磁化强度取向互成 $180°$ 的磁畴，而且还有磁化强度取向互成 $90°$ 的磁畴。磁晶各向异性能还会影响畴壁的位置。在畴壁中因磁化强度偏离了易磁化方向，因而畴壁能量较高。当材料含有非磁性的杂质时，畴壁就会穿过这些杂质，以减少畴壁的面积和降低系统的能量[9]。

在再结晶退火过程中，由于形成无畸变的再结晶晶粒，使位错密度大幅度降低，同时其他缺陷密度也大幅度降低，这样就降低了畴壁运动的阻力，使磁性提高。但由于再结晶的条件不同，所形成的再结晶晶粒的大小、夹杂物、空隙、位错等各不相同，对畴壁移动的阻力不同，因而造成不同条件下再结晶退火后具有不同的磁性。另外，在不同温度下退火时，所形成的再结晶织构组分不同，如果形成具有较高比例的易磁化方向的织构，那么由于磁畴与织构方向保持一致，这样就会使磁性能提高。对不同轧制方法和不同速比下的样品进行再结晶退火，由于自身条件以及再结晶退火温度和时间的不同，使材料内部具有不同的织构组分，从而使其具有不同的铁损和磁感。

在不同温度下，速比对硅钢磁性的影响程度是不同的，这与再结晶过程有关。由于再结晶是热激活过程，大速比下轧制得到的样品所具有的形变储能相对较高，再结晶容易进行，所以在温度较低和时间较短时，由于形成的无畸变的再结晶组织较多，因而铁损较低，而当再结晶退火温度升高时，由于外界可以提供足够的能量，来激活再结晶过程，因而速比的作用就不明显了。

近年来，高性能软磁硅钢等高技术先进钢铁材料的开发与生产，使得与多晶体材料各向异性密切相关的在线无损检测技术的开发也越来越被钢铁企业所渴望。根据磁晶各向异性的唯象理论，建立了硅钢定量计算模型，并利用所测量的微观结构数据，计算硅钢的铁损和磁感，计算结果与测量结果比较吻合。如果这种在线检测技术能用在连续生产线上，不但可以快速而连续无损检测钢材性能，而且可以大大缩短生产流程，同时也为全方位保证产品质量和即时的反馈控制提供了可能，因此，这种方法适应了钢铁生产现代化发展的高要求，具有极好的发展前景。

7.8 本章小结

根据对不同再结晶退火样品的磁性测量，并根据唯象理论所建立的硅钢磁性计算模型，对硅钢磁性能进行了磁性计算，可以获得以下结果：

（1）无取向硅钢的磁性受轧制方法、速比及温度和时间等多种因素的影响，速比对磁性的影响与再结晶退火温度有关，在本文试验条件下，不同温度下随速比增加，铁损也降低，但随温度温升高，速比对铁损的影响程度减弱；不同温度下速比对磁感的影响不明显。

（2）铁损受温度和时间的影响较大，在本文试验条件下，800℃左右，退火10min得到的铁损较小；退火条件对磁感影响不大。

（3）轧制方法对磁性具有一定的影响，异步轧制下的铁损比同步轧制略高，而对磁感的影响不大。不同轧制方法下，磁性随方向变化的趋势相同。

（4）根据磁晶各向异性唯象理论建立的硅钢磁性计算模型，用其计算不同条件（退火温度、轧制方法、退火时间等）下的磁性，结果表明：在不同条件下，计算值与实测值都比较吻合；在不同方向上，计算值的变化趋势和通过实测反映出的变化趋势是一致的；通过织构分析，采用磁性计算模型，可以计算磁性在不同方向的值。

参 考 文 献

［1］ S. Iwashita, M. Takezawa, T. Honda, J. Yamasaki, and C. kaido. Changes in Domain Structure According to the Thickness of Non – oriented Electrical Sheets ［J］. Journal of the Magnetics Society of Japan, 2001, 25: 903 ~ 906.

［2］ 田民波. 磁性材料 ［M］. 北京: 清华大学出版社, 2001: 37.

［3］ R. C. 奥汉德利, 著. 周永洽, 等译. 现代磁性材料原理和应用 ［M］. 北京: 化学工业出版社, 2002: 349 ~ 352.

［4］ B. Y. Huang, K. Yamamoto, Y. Yamashiro and C. Kaido. Effect of the Cooling Condition on the Magnetic Properties of Non – oriented Silicon Steel Sheets ［J］. Journal of the Magnetics Society of Japan, 1999, 23: 1369 ~ 1372.

［5］ 刘式适, 刘式达. 特殊函数 ［M］. 北京: 气象出版社, 1988: 231 ~ 292.

［6］ 钟文定. 铁磁学（中册）［M］. 北京: 科学技术出版社, 1987.

［7］ 王会宗. 磁性材料及应用 ［M］. 北京: 国防工业出版社. 1989: 35 ~ 36.

［8］ 宛德福, 马兴隆. 磁性物理学 ［M］. 成都: 电子科技大学出版社, 1994: 249 ~ 253.

［9］ 张世远, 路权, 等. 磁性材料基础 ［M］. 北京: 科学技术出版社, 1988: 52 ~ 53.

附　　录

附录 A　计算源程序

```
Private Sub Command1 _ Click ()
    Dim A400, A420, A440, A600, A620, A640, A660 As Double
Dim P04, P24, P44, P06, P26, P46, P66 As Double
Dim pp04, pp24, pp44, pp06, pp26, pp46, pp66 As Double
Dim A44 As Double
Dim A64 As Double
Dim L _ 11, L _ 12, L _ 21, L _ 22, L _ 1y, L _ 2y As Double
Dim y (7), y _ p As Single
Dim X1m, X1m2, X2m, X2m2, X12m, yX1m, yX2m As Double
Dim X1 _ p, X2 _ p As Double
Dim bb00 (4), bb40 (4), bb60 (4) As Double
Dim B00, B40, B60 As Double
Dim cs As Integer
Const pi = 3. 1415926
Private Sub cmd _ count _ Click ()
    txt _ B00. Text = Format((bb00(1) + bb00(1) + bb00(1))/3, "0. 0000")
    txt _ B40. Text = Format((bb40(2) + bb40(2) + bb40(2))/3, "0. 0000")
    txt _ B60. Text = Format((bb60(3) + bb60(3) + bb60(3))/3, "0. 0000")
    B00 = Val(txt _ B00. Text)
    B40 = Val(txt _ B40. Text)
    B60 = Val(txt _ B60. Text)
    cmd _ ok. Enabled = True
End Sub
Private Sub cmd _ L _ ok _ Click ()
    cs = cs + 1
    If cs = 1 Then
        If Abs (L _ 21) > = Abs (L _ 11) Then
            .........
            .........
            .........
    cmd _ count. Enabled = False
    cmd _ ok. Enabled = False
    Command1. Enabled = True
    Command2. Enabled = True
End Sub
Private Sub cmd _ ptc _ ok _ Click ()
```

```
    P04 = Val（txtP04. Text）          '0. 7954951288
    P24 = Val（txtP24. Text）          '-0. 838525491
    P44 = Val（txtP44. Text）          '1. 10926495933
    P06 = Val（txtP06. Text）          '-0. 79672179899
    P26 = Val（txtP26. Text）          '0. 816396904
    P46 = Val（txtP46. Text）          '-0. 816396904
    P66 = Val（txtP66. Text）          '1. 210912298125
    A400 = Val（txt _ A400. Text）
    A420 = Val（txt _ A420. Text）
    A440 = Val（txt _ A440. Text）
    A600 = Val（txt _ A600. Text）
    A620 = Val（txt _ A620. Text）
    A640 = Val（txt _ A640. Text）
    A660 = Val（txt _ A660. Text）
    Dim y _ sum As Single
    y（1）= Val（txt _ y1. Text）
    y（2）= Val（txt _ y2. Text）
    y（3）= Val（txt _ y3. Text）
    y（4）= Val（txt _ y4. Text）
    y（5）= Val（txt _ y5. Text）
    y（6）= Val（txt _ y6. Text）
    y（7）= Val（txt _ y7. Text）
    For i = 1 To 4
        y _ sum = y _ sum  + y（i）
    Next i
    X1m = X1（0）+ X1（30/180 * pi）+ X1（60/180 * pi）+ X1（90/180 * pi）
    X1m2 = X1（0）* X1（0）+ X1（30/180 * pi）* X1（30/180 * pi）+ X1（60/180 * pi）* X1（60/180 * pi）
+ X1（90/180 * pi）* X1（90/180 * pi）
    X2m = X2（0）+ X2（30/180 * pi）+ X2（60/180 * pi）+ X2（90/180 * pi）
    X2m2 = X2（0）* X2（0）+ X2（30/180 * pi）* X2（30/180 * pi）+ X2（60/180 * pi）* X2（60/180 * pi）
+ X2（90/180 * pi）* X2（90/180 * pi）
    X12m = X1（0）* X2（0）+ X1（30/180 * pi）* X2（30/180 * pi）+ X1（60/180 * pi）* X2（60/180 * pi）
+ X1（90/180 * pi）* X2（90/180 * pi）
    yX1m = X1（0）* y（1）+ X1（30/180 * pi）* y（2）+ X1（60/180 * pi）* y（3）+ X1（90/180 * pi）* y
（4）
    yX2m = X2（0）* y（1）+ X2（30/180 * pi）* y（2）+ X2（60/180 * pi）* y（3）+ X2（90/180 * pi）* y
（4）
    ……
    ……
    ……

    Private Sub Form _ Load（）
      'P04 = 0. 7954951288
```

```
      'P24 = -0. 838525491
      'P44 = 1. 10926495933
      'P06 = -0. 79672179899
      'P26 = 0. 816396904
      'P46 = -0. 816396904
      'P66 = 1. 210912298125

      A44 = 0. 5976143
      A64 = -1. 870828

      cs = 0

      cmd _ ptc _ ok. Enabled = True
      cmd _ L _ ok. Enabled = False
      cmd _ count. Enabled = False
      cmd _ ok. Enabled = False
      Command1. Enabled = False
      Command2. Enabled = False
   End Sub


   Public Function X1 (i As Single) As Double
      'i = a/180 * pi
      X1 = 4 * pi * pi * Sqr(2/9) * (1 + 2 * A44 * A44) * (P04 * A400 + 2 * P24 * Cos(2 * i) * A420 + 2
* P44 * Cos(4 * i) * A440)
   End Function
   Public Function X2(i As Single) As Double
      'i = a/180 * pi
      X2 = 4 * pi * pi * Sqr(2/13) * (1 + 2 * A64 * A64) * (P06 * A600 + 2 * P26 * Cos(2 * i) * A620 + 2
* P46 * Cos(4 * i) * A640 + 2 * P66 * Cos(6 * i) * A660)
   End Function
   Public Function F(a As Single, pp04, pp24, pp44, pp06, pp26, pp46, pp66 As Double) As Double
      F = B00 + B40 * (4 * pi * pi * Sqr(2/9) * (1 + 2 * A44 * A44) * (pp04 * A400 + 2 * pp24 * Cos(2 *
i) * A420 + 2 * pp44 * Cos(4 * i) * A440)) + B60 * (4 * pi * pi * Sqr(2/13) * (1 + 2 * A64 * A64) * (pp06
* A600 + 2 * P26 * Cos(2 * i) * A620 + 2 * pp46 * Cos(4 * i) * A640 + 2 * pp66 * Cos(6 * i) * A660))
   End Function
```

附录 B 程序部分界面

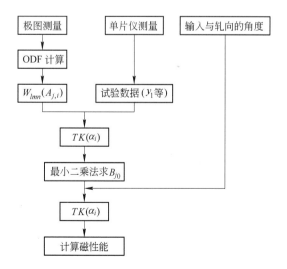

（沈阳大学 铁损计算 界面）

实测值 y
y1= 3.4279 y2= 3.8715 y3= 4.076 y4= 3.8375

连带勒让德多项式的部分数值
P40= 0.7954951288 P42= -0.838525491 P44= 1.10926495933 P60= -0.7967217899 P62= 0.816396904 P64= -0.894318001328 P66= 1.210912298125

Wlmn
W400= -0.0610317 W420= -0.3077421 W440= 0.1660164 W600= 0.233503 W620= -0.1042338 W640= 0.0003348 W660= 0.1185277

步骤1: 确定并进入下一步的计算

步骤2: 确定以计算参数B00，B40，B60

B00= 3.8205 B40= -0.1146 B60= -0.0001 步骤3：求解表达式

最终表达式
F(a)=3.8205+(-.1146)*4*PI*PI*Sqrt(2/9)*(1+2*A44*A44)[P40*A400+2*P42*cos(2*a)*A420+2*P44*cos(4*a)*A440]+(-.0001)*4*PI*PI*Sqrt(2/13)*(1+2*A64*A64)*[P60*A600+2*P62*cos(2*a)*A620+2*P64*cos(4*a)*A640+2*P66*cos(6*a)*A660]

计算结果
A400= -0.0610317 A420= -0.3077421 A440= 0.1660164 A600= 0.233503 A620= -0.1042338 A640= 0.0003348 A660= 0.1185277

请输入α角度值 30 步骤8: 计算结果>> 铁损 3.7348 <<重新计算

附录 C 程序框图

极图测量 → ODF 计算 → $W_{lmn}(A_{j,i})$

单片仪测量 → 试验数据(y_1等)

输入与轧向的角度

$W_{lmn}(A_{j,i})$ 试验数据(y_1等) → $TK(\alpha_i)$ → 最小二乘法求B_{j0} → $TK(\alpha_i)$ → 计算磁性能

冶金工业出版社部分图书推荐

书　名	定价(元)
电工钢片（带）小单片试样磁性能测量方法（YB/T 4148—2006）	20.00
钢渣中磁性金属铁含量测定方法（YB/T 4188—2009）	10.00
材料织构分析原理与检测技术	36.00
太阳能级硅提纯技术与装备	69.00
稀土金属材料	140.00
硅技术的发展和未来	50.00
湿法冶金原理	160.00
湿法冶金手册	298.00
萃取与离子交换	55.00
微生物湿法冶金	33.00
湿法冶金（第2版）	98.00
湿法冶金技术丛书——湿法冶金污染控制技术	38.00
现代铜湿法冶金	29.00
湿法冶金的研究与发展	38.00
现代钨矿选矿	68.00
环境保护及其法规（第2版）	45.00
钒冶金	45.00
电磁冶金技术及装备	76.00
电磁冶金技术及装备500问	58.00
湿法冶金污染控制技术	38.00
冶金企业废弃生产设备设施处理与利用	36.00